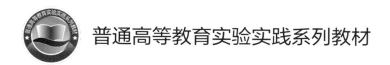

普通高等教育实验实践系列教材

热力设备选型
与设计实训指导书

王福德　主编

U0259185

中国水利水电出版社
www.waterpub.com.cn
·北京·

内 容 提 要

　　本书是普通高等教育实验实践系列教材之一。本书从热力设备换热器的实验、实训课程出发，详细阐述了换热器的分类、结构、优缺点和换热器相关实验的实验目的、实验步骤、实验方法、数据处理等内容。全书共7章，主要包括热力设备概述、换热器概述、换热器换热性能实验台简介、板式换热器的测试、管壳式换热器的测试、螺旋板式换热器的测试和套管式换热器的测试。

　　本书适用于应用型本科教育高校相关专业的学生进行实验、实训时参考使用。

图书在版编目（CIP）数据

热力设备选型与设计实训指导书 / 王福德主编.
北京 ： 中国水利水电出版社，2024. 5. -- （普通高等教育实验实践系列教材）. -- ISBN 978-7-5226-2521-8

Ⅰ．TK17

中国国家版本馆CIP数据核字第2024QH1892号

书　　名	普通高等教育实验实践系列教材 **热力设备选型与设计实训指导书** RELI SHEBEI XUANXING YU SHEJI SHIXUN ZHIDAOSHU	
作　　者	王福德　主编	
出版发行	中国水利水电出版社 （北京市海淀区玉渊潭南路 1 号 D 座　100038） 网址：www. waterpub. com. cn E - mail：sales@mwr. gov. cn 电话：（010）68545888（营销中心）	
经　　售	北京科水图书销售有限公司 电话：（010）68545874、63202643 全国各地新华书店和相关出版物销售网点	
排　　版	中国水利水电出版社微机排版中心	
印　　刷	清淞永业（天津）印刷有限公司	
规　　格	184mm×260mm　16 开本　8 印张　161 千字	
版　　次	2024 年 5 月第 1 版　2024 年 5 月第 1 次印刷	
印　　数	0001—1000 册	
定　　价	**48. 00 元**	

丛 书 编 委 会

前　　言

党的二十大报告提出，"加强基础学科、新兴学科、交叉学科建设，加快建设中国特色、世界一流的大学和优势学科。"高等教育在教育体系中具有引领性、先导性作用，在加快建设高质量教育体系中应走在时代前列。"一个国家的高等教育体系需要有一流大学群体的有力支撑，一流大学群体的水平和质量决定了高等教育体系的水平和质量。"在服务中国式现代化的进程中，"双一流"建设高校正在探索一条中国高等教育的高质量发展之路。

应用型本科教育高校应逐渐提高实验、实训课程的地位，实验、实训教学不仅能帮助学生理解实验原理、熟练掌握实验方法，而且有助于提高学生学习基本理论的兴趣，同时其教学内容在以后的工程实践中具有广泛的应用。掌握相关的实验原理、方法和技巧是工程技术专业学生必备的能力。

本实训指导书是为了学校更好地适应应用型本科教育而编写的，注重突出重点，强调应用。热力设备涉及的行业很广，设备种类较多，本实训指导书对热力设备做了总体概述，并对热力设备中的换热器从实验、实训等方面进行了重点介绍，详细阐述了换热器的分类、结构、优缺点和换热器相关实验的实验目的、实验步骤、实验方法、数据处理等内容，以达到对教师教学、学生实训、实验课程的指导作用。

本实训指导书的编写初衷在于希望指导应用型本科教育高校相关专业的学生进行相应课程的实验、实训：在第 1 章热力设备概述部分对热力设备进行了总体介绍；第 2 章换热器的概述介绍了换热器的重要性和换热器的分类；第 3 章介绍了实验台的组成、工作原理、功用和使用注意事项；第 4～第 7 章分别介绍了板式换热器、管壳式换热器、螺旋板式换热器和套管式换热器的结构特点及测试内容，每种设备实验前都有设备的相应介绍，可使学生增加对该设备的了解与认知，为后边的实验、实训打好基础。第 4～第 7 章的章节最后设计了学生实验需要的记录表格和作业纸，指导书的最后设计了学习本课程的实验、实训总结等。

本实训指导书的编写得到山东华宇工学院能源与建筑工程学院实验中心以及热能工程专业其他老师的大力支持，同时参考了相关的期刊、书籍、标准，引用了换热器原理与设计部分内容，在此致以深深谢意。

本实训指导书由王福德担任主编，董敏、孔德霞担任副主编，戚素素、王争和辛生参与了部分章节的编写，限于编者水平有限，书中难免存在错误和不足之处，热忱欢迎广大师生给予指正。

编者

2024 年 2 月

目　　录

第 *1* 章　热力设备概述

随着社会的发展和人们生活水平的不断提高，在现代生产和日常生活中，都需要使用大量的能源。能源的利用主要是通过热力设备实现的，热力设备是一种将自然界中的各种潜在能源予以转化、传导和调整的设备，狭义地说，是指在供热厂或热电厂中，通过燃料燃烧（煤、油、天然气等燃料）放出热量，再利用其热量把低温水加热成高温水或者把水加热成蒸汽，然后对用户供热或通过蒸汽轮机带动发电机发电的设备。在热发电系统中，供燃料燃烧的锅炉、蒸汽轮机、燃气轮机，以及汽-水循环中的加热器、除氧器、凝结器、给水泵、循环泵等有关辅助设备，对外供热时的管阀、换热器、水泵等采暖设备均属于热力设备；另外，通过燃料燃烧（汽油、柴油）释放能量转变成机械能的内燃机同样属于热力设备；还有，热泵系统通过使热泵工质进行"汽态-液态-汽态"的无限循环获得热量，热泵系统同样属于热力设备。广义地说，热力设备是一种能将能量转换为热量的装置，主要用于发电、驱动机动车辆、供热、供暖以及生活和工业生产中的热水供应等方面。它们犹如一座座火力发电厂，在小小的空间内发挥着巨大的作用，使人们的生活品质得到了极大的提高。

近年来，随着科技的发展和社会的进步，热力设备也在不断更新迭代。一方面，新型节能型热力设备应运而生，比如采用了变频技术的燃气壁挂炉、具有智能化控制功能的地源热泵系统等，这些新产品不仅提高了能源利用率，降低了环境污染，还为广大用户带来了更加便捷的操作体验；另一方面，行业标准和政策法规也日益完善，对产品的安全性能和质量提出了更高的要求，从而保障了消费者的合法权益。总的来说，作为一种不可或缺的基础设施，热力设备在现代社会中扮演着举足轻重的角色。从寒冷冬季的建筑供暖，到炎炎夏日的凉爽办公环境；从工业发展中起重要作用的电力系统，到交通、物流、运输业和工程机械离不开的机动车辆；从现代化农业的迅速发展，到航空航天的不断探索……都离不开热力设备。所以，热力设备关乎着国富民强，关乎着人类的进步，在人类社会的发展中起着举足轻重的作用。

如前所述，热力设备包含与能量转换及应用相关的各种各样的设备，其中换热器在化工、石油、动力、食品及其他许多工业生产中占有重要地位，同时也是提高能源利用率的主要设备之一。换热器行业涉及暖通、压力容器、中水处理设备、化工、石油等近 30 多种产业，相互形成产业链条。换热器的大量使用有效地提高了能源的利用率，使企业成本降低、效益提高。本实训指导书重点介绍换热器的实验实训相关内容。

第2章　换热器概述

2.1　换 热 器 的 重 要 性

在工程中，将某种流体的热量以一定的传热方式传递给他种流体的设备，称为换热器。在这种设备内，至少有两种温度不同的流体参与传热：一种流体温度较高，放出热量；另一种流体温度较低，吸收热量。也有多于两种温度不同的流体在其中传热的换热器，例如空分装置中的可逆式板翅换热器。

本书中的换热器是指以传热为其主要过程（或目的）的设备。在工业中还有些设备，例如制冷设备、精馏设备等，在其完成指定的生产工艺过程的同时，也都伴随着热的交换，但传热并非它们的主要目的，因而不属于换热器的范畴。

换热器在工业生产中的应用极为普遍，例如锅炉设备的过热器、省煤器、空气预热器，电厂热力系统中的凝汽器、除氧器、给水加热器、冷水塔，冶金工业中高炉的热风炉，炼钢和轧钢生产工艺中的空气或煤气预热，制冷工业中蒸汽压缩式制冷机或吸收式制冷机的蒸发器、冷凝器，制糖工业和造纸工业中的糖液蒸发器和纸浆蒸发器都是换热器的应用实例，在化学工业和石油化学工业的生产过程中，应用换热器的场合更是不胜枚举。在航空航天工业中，为了及时取出发动机及辅助动力装置在运行时所产生的大量热量，换热器也是不可缺少的重要部件。在各个生产领域中，要挖掘能源利用的潜力，做好节能减排，必须合理组织热交换过程并利用和回收余热，这往往和正确地设计与使用换热器密不可分。

换热器不但是一种广泛应用的通用设备，同时也是许多工业产品的关键部件。换热器在某些工业企业中占有很重要的地位，例如：在石油化工厂中，它的投资要占到建厂投资的1/5左右，重量占工艺设备总重的40％；在年产30万t的乙烯装置中，它的投资约占总投资的25％；在我国一些大中型炼油企业中，各式换热器的装置数达到300~500台。就其压力、温度来说，国外的管壳式换热器的最高压力达84MPa，最高温度达1500℃，而最大外形尺寸长达33m，最大传热面积达6700m²，相信伴随着材料的创新、生产工艺的不断提高，根据不同行业的使用要求，换热器会越做越好，越做越大。

根据换热器在生产中的地位和作用，它应满足多种多样的要求。一般来说，对其基本要求如下：

（1）满足工艺过程所提出的要求，热交换效率高，热损失少，在有利的平均温差下工作。

（2）要有与温度和压力条件相适应的不易遭到破坏的工艺结构，制造简单，安装方便，经济合理，运行可靠。

（3）设备紧凑，这对大型企业、航空航天、新能源开发和余热回收装置有重要意义。

（4）保证较低的流动阻力，以减少换热器的动力消耗。

2.2　换热器的分类

随着科学和生产技术的发展，各种工业部门要求换热器的类型和结构要与之相适应，流体的种类、流体的运动、设备的压力和温度等也都必须满足生产过程的要求。近代尖端科学技术的发展（如高温、高压、高速、低温、超低温等），又促使了高强度、高效率的紧凑型换热器层出不穷。虽然如此，所有的换热器仍可按照它们的一些共同特征来加以区分。

1. 按照用途来分

可分为预热器（或加热器）、冷却器、冷凝器、蒸发器等。

2. 按照制造换热器的材料来分

可分为金属的、陶瓷的、塑料的、石墨的、玻璃的等。

3. 按照温度工况来分

温度工况稳定的换热器，热流大小以及在指定热交换区域内的温度不随时间而变；温度工况不稳定的换热器，传热面上的热流和温度都随时间改变。

4. 按照热流体与冷流体的流动方向来分

（1）顺流式（或称"并流式"），两种流体平行地向着同一方向流动，如图 2.1（a）所示。

（2）逆流式，两种流体平行流动，但其流动方向相反，如图 2.1（b）所示。

（3）错流式（或称"叉流式"），两种流体的流动方向互相垂直交叉，如图 2.1（c）所示，当交叉次数在 4 次以上时，可根据两种流体流向的总趋势将其看成逆流或顺流，如图 2.1（d）和图 2.1（e）所示。

（4）混流式，两种流体在流动过程中既有顺流部分，又有逆流部分，如图 2.1（f）

和图 2.1（g）所示。

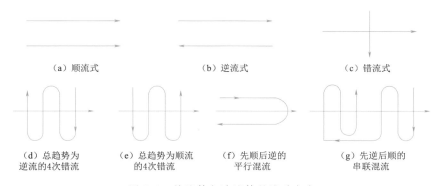

（a）顺流式　　　　　　（b）逆流式　　　　　　（c）错流式

（d）总趋势为　　　（e）总趋势为顺流　　（f）先顺后逆的　　　　（g）先逆后顺的
逆流的4次错流　　　的4次错流　　　　平行混流　　　　　　　串联混流

图 2.1　热流体与冷流体的流动方向

5. 按照传送热量的方法来分

可分为间壁式、混合式、蓄热式等三大类，这是换热器最主要的一种分类方法。

（1）间壁式：热流体和冷流体间有一固体壁面，一种流体恒在壁的一侧流动，而另一种流体恒在壁的他侧流动，两种流体不直接接触，热量通过壁面进行传递，例如：板式换热器、管壳式换热器、螺旋板式换热器、套管式换热器、板壳式换热器、板翅式换热器、翅片管换热器、热管换热器、蒸发冷却（冷凝）器和微型换热器等，本书主要介绍前四种的实验。

（2）混合式（或称直接接触式）：这种换热器内依靠热流体与冷流体的直接接触而进行传热，例如冷水塔以及喷射式换热器。

（3）蓄热式（或称回热式）：其中也有固体壁面，但两种流体并非同时而是轮流地和壁面接触。当热流体流过时，把热量储蓄于壁内，壁的温度逐渐升高；而当冷流体流过时，壁面放出热量，壁的温度逐渐降低，如此反复进行，以达到热交换的目的，例如炼铁厂的热风炉。

2.3　换热器设计计算

2.3.1　换热器设计计算内容

在设计一个换热器时，从收集原始资料开始，到正式绘出图纸为止，需要进行一系列的设计计算工作，这种计算一般包括热计算、结构计算、流动阻力计算、强度计算等几个方面的内容。

2.3.1.1　热计算

根据给出的具体条件，例如换热器的类型、流体的进出口温度、压力，它们的物理化学性质、在传热过程中有无相变等，求出换热器的传热系数，进而算出传热面积的大小。

2.3.1.2 结构计算

根据传热面积的大小计算换热器主要部件和构件的尺寸，例如管子的直径、长度、根数、壳体的直径、纵向隔板和折流板的尺寸和数目、分程隔板的数目和布置，以及连接管尺寸等。

2.3.1.3 流动阻力计算

进行流动阻力计算的目的在于为选择泵或风机提供依据，或者核算其压降是否在限定的范围之内。当压降超过允许的数值时，则必须改变换热器的某些尺寸，或者改变流速等。

2.3.1.4 强度计算

计算换热器各部件尤其是受压部件（如壳体）的应力大小，检查其强度是否在允许范围内。对于在高温高压下工作的换热器，更不能忽视这一步。在考虑强度时，应该尽量采用我国生产的标准材料和部件，按照《压力容器》（GB 150—2011）进行计算或核算。

在换热器向着大型化发展并对传热进行强化的情况下，有可能因流体的流速过高而引起强烈的振动，严重时甚至可使整个换热器遭到破坏。因而在设计换热器时，还必须对其振动情况进行预测或校核，判断有无产生强烈振动的可能，以便采取相应的减振措施，保证安全运行。

2.3.2 热计算基本方程

热计算可分为设计性热计算和校核性热计算两种类型，本书以间壁式换热器为例介绍换热器的热（力）计算，其他形式的换热器计算方法相同。

设计性热计算的目的在于决定换热器的传热面积，同样大小的传热面积可采用不同的构造尺寸，而不同的构造尺寸会影响换热系数，故一般与结构计算交叉进行。

校核性热计算是针对现有换热器，目的在于确定流体的进出口温度，并了解其在非设计工况下的性能变化，判断其是否能满足新的工艺要求。

2.3.2.1 传热方程

$$Q = \int_0^F k \Delta t \, \mathrm{d}F \tag{2.1}$$

式中　　Q——热负荷，W；

　　　　k——换热器任一微元传热面处的传热系数，$\mathrm{W/(m^2 \cdot ℃)}$；

　　　　$\mathrm{d}F$——微元传热面积，$\mathrm{m^2}$；

　　　　Δt——微元传热面处在两种流体之间的温差，℃。

$$Q = KF\Delta t_{\mathrm{m}} \tag{2.2}$$

式中　K——整个传热面上的平均传热系数，$\mathrm{W/(m^2 \cdot \mathrm{℃})}$；

　　　F——传热面积，$\mathrm{m^2}$；

　　　Δt_{m}——两种流体之间的平均温差，$\mathrm{℃}$。

2.3.2.2 热平衡方程

若不计热量损失，有

$$Q = M_1(i_1' - i_1'') = M_2(i_2'' - i_2') \tag{2.3}$$

式中　M_1、M_2——热流体与冷流体的质量流量，$\mathrm{kg/s}$；

　　　i_1、i_2——热流体与冷流体的焓，$\mathrm{J/kg}$。

$$Q = -M_1\int_{t_1'}^{t_1''} C_1\,\mathrm{d}t_1 = M_2\int_{t_2'}^{t_2''} C_2\,\mathrm{d}t_2 \tag{2.4}$$

式中　C_1、C_2——热流体与冷流体的定压质量比热，$\mathrm{J/(kg \cdot \mathrm{℃})}$。

比热 C 是温度的函数，在应用式（2.4）时必须知道此函数的关系。为简化起见，在工程中一般都采用在 t'' 与 t' 温度范围内的平均比热。

$$\left.\begin{aligned} Q_1 &= M_1 c_1 \Delta t_1 \\ Q_2 &= M_2 c_2 \Delta t_2 \end{aligned}\right\} \tag{2.5}$$

式中　Δt_1、Δt_2——热流体与冷流体在换热器内的温差，$\mathrm{℃}$；

　$M_1 c_1$、$M_2 c_2$——热容量，其代表该流体的温度每改变 $1\mathrm{℃}$ 时所需的热量，用 W 表示，即热容量为 $W = MC$，$\mathrm{W/\mathrm{℃}}$。

$$Q = W_1\Delta t_1 = W_2\Delta t_2 \tag{2.6}$$

或

$$\frac{W_2}{W_1} = \frac{t_1' - t_1''}{t_2'' - t_2'} = \frac{\Delta t_1}{\Delta t_2} \tag{2.7}$$

由式（2.6）和式（2.7）可知，两种流体在换热器内的温度变化（降温或升温）与其热容量成反比。使用公式时，如果给定的是溶剂流量或摩尔流量，则在平衡方程式中应相应地以容积比热或摩尔比热代入即可。

以上是没有散热损失的情况，实际上任何换热器都有散向周围环境的热损失 Q_{L}，这时热平衡方程式就可写为

$$\left.\begin{aligned} Q_1 &= Q_2 + Q_{\mathrm{L}} \\ Q_1\eta_{\mathrm{L}} &= Q_2 \end{aligned}\right\} \tag{2.8}$$

式中　η——以放热热量为准的对外热损失系数，通常为 $0.97\sim0.98$。

2.3.2.3 平均温差

1. 流体的温度分布

流体在热交换器内流动，其温度变化过程以平行流动最为简单。图 2.2 所示的为

流体平行流动时的温度分布。图中的纵坐标表示温度，横坐标表示传热面积。

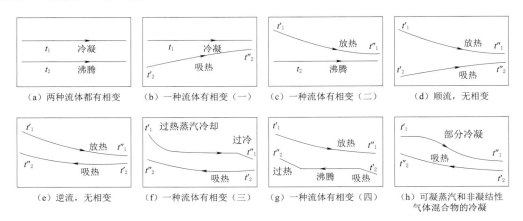

图 2.2　流体平行流动时的温度分布

图 2.2（a）是一侧蒸汽冷凝而另一侧为液体沸腾、两种流体都有相变的传热。因为冷凝和沸腾都在等温下进行，故其传热温差为 $\Delta t = t_1 - t_2$ 且在各处保持相同的数值。图 2.2（b）表示的是热流体在等温下冷凝而将其热量传给温度沿着传热面不断提高的冷流体，其传热温差从进口端的 $\Delta t' = t_1 - t_2'$ 变化到出口端的 $\Delta t'' = t_1 - t_2''$。与此相应的另一种情况［图 2.2（c）］是冷流体在等温下沸腾，而热流体的温度沿传热面不断降低，其传热温差从进口端的 $\Delta t' = t_1' - t_2$ 变化到出口端的 $\Delta t'' = t_1'' - t_2$。

遇到最多的情况是两种流体都没有发生相变，这里又有两种不同情形——顺流和逆流。顺流的情形表示于图 2.2（d），两种流体向着同一方向平行流动，热流体的温度沿传热面不断降低，冷流体的温度沿传热面不断升高，两者的温差从进口端的 $\Delta t' = t_1' - t_2'$ 变化到出口端的 $\Delta t'' = t_1'' - t_2''$。逆流的情形示于图 2.2（e），两种流体以相反的方向平行流动，传热温差从一端的 $t_1' - t_2''$ 变化到另一端的 $t_1'' - t_2'$。

图 2.2（f）所示的冷凝器内的温度变化过程要比图 2.2（b）所示的更加普遍一些。在这里，蒸汽（过热蒸汽）在高于饱和温度的状态下进入设备，在其中首先冷却到饱和温度，然后在等温下冷凝，在凝结液离开热交换器之前还产生液体的过冷，冷流体可以是顺流方向或逆流方向通过。传热温差的变化要比前面各种情形复杂。与此对应，图 2.2（g）所表示的是冷流体在液态情况下进入设备吸热、沸腾，然后过热。

当热流体是由可凝蒸汽和非凝结性气体组成时，温度以更为复杂的形式分布，大体上如图 2.2（h）所示。

从图 2.2 可知，在一般情况下，两种流体之间的传热温差在热交换器内是处处不等的。所谓平均温差是指整个热交换器各处温差的平均值，但是应用不同的平均方法，就有不同的名称，例如算术平均温差、对数平均温差、积分平均温差等。

2. 顺流和逆流情况下的平均温差

在《传热学》中，对顺流、逆流热交换器的传热温差进行分析时，作过这样几个假定：①两种流体的质量流量和比热在整个传热面上保持定值；②传热系数在整个传热面上不变；③热交换器没有热损失；④沿管子的轴向导热可以忽略；⑤同一种流体从进口到出口的流动过程中，不能既有相变又有单相对流换热。

已知冷热流体的进出口温度，针对微元换热面 dF 段的传热温差为

$$\Delta t = t_1 - t_2 \rightarrow d\Delta t_1 - d\Delta t_2 \tag{2.9}$$

通过微元面 dF，两流体的换热量为

$$dQ = k\Delta t\, dF \tag{2.10}$$

针对热流体与冷流体，分别有

热流体：
$$dQ = -M_1 c_1 dt_1 \Rightarrow dt_1 = -\frac{1}{W_1}dQ \tag{2.11}$$

冷流体：
$$dQ = -M_2 c_2 dt_2 \Rightarrow dt_2 = -\frac{1}{W_2}dQ \tag{2.12}$$

微元面的温差为
$$d\Delta t = d\Delta t_1 - d\Delta t_2 \tag{2.13}$$

根据传热公式，有
$$dQ = CM\,d\Delta t \tag{2.14}$$

同时热容量为
$$W = MC \tag{2.15}$$

可得
$$d\Delta t = \frac{1}{CM}dQ \tag{2.16}$$

所以
$$d\Delta t = \left(\frac{1}{W_1} \pm \frac{1}{W_2}\right)dQ = \mu\, dQ \tag{2.17}$$

其中，
$$\mu = \frac{1}{W_1} \pm \frac{1}{W_2} \tag{2.18}$$

此处"＋"用于顺流式换热器，"－"用于逆流式换热器。

由式（2.18）可见，对顺流式换热器，不论 W_1、W_2 值的大少如何，总有 $\mu > 0$，因而在热流体从进口到出口的方向上，两流体间的温差 Δt 总是不断降低，如图 2.3 所示。而对于逆流式换热器，沿着热流体进口到出口的方向上，当 $W_1 < W_2$ 时，$\mu > 0$，Δt 不断降低；当 $W_1 > W_2$ 时，$\mu < 0$，Δt 不断升高，如图 2.4 所示。

顺流式换热器与逆流式换热器的区别如下：

对于顺流式换热器

进口温差为 $\Delta t' = t_1' - t_2'$　　出口温差为 $\Delta t'' = t_1'' - t_2''$

对于逆流式换热器

进口温差为 $\Delta t' = t_1' - t_2''$　　出口温差为 $\Delta t'' = t_1'' - t_2'$

在《传热学》中已经推导出对于顺流式、逆流式换热器均可用的平均温差计算公

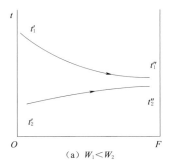

（a）$W_1 < W_2$

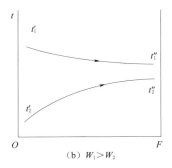

（b）$W_1 > W_2$

图 2.3　顺流式换热器中流体温度的变化

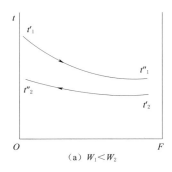

（a）$W_1 < W_2$

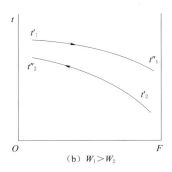

（b）$W_1 > W_2$

图 2.4　逆流式换热器中流体温度的变化

式为

$$\Delta t_{\mathrm{m}} = \frac{\Delta t_{\max} - \Delta t_{\min}}{\ln \dfrac{\Delta t_{\max}}{\Delta t_{\min}}} \tag{2.19}$$

由于其中包含了对数项，常称这种平均温差为对数平均温差，不分传热面的始端和终端，用 $\Delta t_{\max}$ 代表进口温差和出口温差中较大者，以 $\Delta t_{\min}$ 代表两者中较小者。

如果流体的温度沿传热面变化不太大，例如当 $\Delta t_{\max} \leqslant 2\Delta t_{\min}$ 时，可用算术平均的方法计算平均温差（称算术平均温差），即

$$\Delta t_{\mathrm{m}} = \frac{\Delta t_{\max} + \Delta t_{\min}}{2} \tag{2.20}$$

算术平均温差恒高于对数平均温差，与式（2.20）给出的对数平均温差相比较，其误差在 $\pm 4\%$ 范围之内，这是工程计算中所允许的。

当 $\Delta t_{\max} / \Delta t_{\min} \leqslant 2$ 时，两者的差在 $\pm 4\%$ 范围内；当 $\Delta t_{\max} / \Delta t_{\min} \leqslant 1.7$ 时，两者的差在 $\pm 2.3\%$ 范围内。

对于图 2.2（b）和图 2.2（c）所示的换热器，由于其中有一种流体在相变的情况下进行传热，它的温度沿传热面不变，因此无顺流、逆流之别，$\Delta t_{\max}$ 恒在无相变流体

的进口处，而 $\Delta t_{\min}$ 恒在无相变流体的出口处。对于图 2.2（f）和图 2.2（g）所示的换热器，由于都有一种流体既有相变又有单相对流换热，因此应该分段计算平均温差。对于图 2.2（h）所示的换热器，由于其热交换过程不同于一般，与前面所作的假定不符，也不能按指数规律计算平均温差。

第3章 换热器换热性能实验台简介

3.1 实验台的组成

如图 3.1 所示，换热器换热性能实验台由换热器、冷/热流体水箱、冷/热水循环泵、阀门及管路、无纸记录仪、温度传感器、压力变送器、流量计等组成。在换热器与系统连接处采用金属软管连接，可方便地进行被测换热器的更换，满足测试不同类型换热器使用。

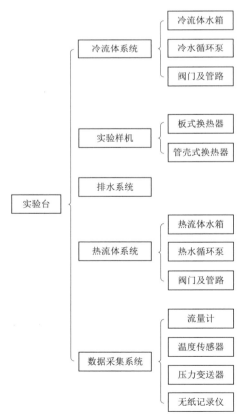

图 3.1　实验台组成框图

3.2 换热器换热性能实验台工作原理

如图 3.2 所示，系统中的热流体水箱自带电加热装置，且能够满足设定的恒温水需求，用来保证测试换热器的恒温水，水泵的出口处有回流管路可以调节流量；冷流体水箱用来储存换热后的水，可循环使用，也可以直接排水（恒温换热），冷、热流体的水泵出口处设有回流管可以调节流量，热流体水箱的温度可以根据要求设定；无纸记录仪可以记录各个时刻换热器两侧的进出口水温、压力、流量等参数，通过对不同流量、不同温度参数的工况进行换热器测试，采集到不同数据，经过计算、分析可得到测试结果。

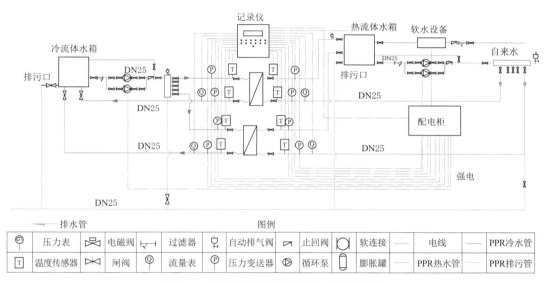

图 3.2 换热器换热性能实验台系统原理图

换热器换热性能实验台实物如图 3.3 所示。

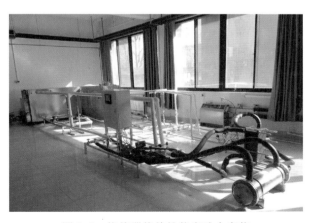

图 3.3 换热器换热性能实验台实物

3.3　实 验 台 的 功 用

（1）实验台的最多可实现 5 台换热器同时进行实验，也可以单独进行 1 台换热器的实验，而且不局限于现有安装好的换热器，还可以对外来的换热器进行实验，只要在产品平台更换或添加即可。

（2）通过对不同流量、不同温度参数的换热器进行测试、数据自动采集，进行计算、分析，可实现测试换热器的换热效率；可实现测试换热器的压力降；可实现测试换热器的传热系数等性能参数。

（3）学生的实验、实训课上，能够通过换热器换热性能实验台对换热器性能参数进行设计、测试和对同一工况下不同换热器性能参数进行比较；同时，学生可以自行设计系统方案，自己动手组装、连接系统，进行测试。

3.4　使 用 注 意 事 项

（1）实验前可根据实验温度的要求，提前对热流体水箱进行加温，达到设定温度。

（2）实验中经过对流量、温度的调节后，要等到数据稳定以后再开始采集数据。

（3）实验中不要打闹，要防止触碰带电设备，确保人身安全。

（4）实验中由于热水温度较高，要防止烫伤。

（5）实验中不要随意对数据采集设备进行参数的设置更改。

（6）实验后要把 U 盘归位。

（7）实验后要确保一切设备断电。

第4章 板式换热器的测试

4.1 板式换热器认知

板式换热器是近几十年来发展和应用较为广泛的一种新型、高效、紧凑的换热器，它由一系列互相平行、具有波纹表面的薄金属板相叠而成，比螺旋板式换热器更为紧凑，传热性能更好。国外著名的生产厂家有瑞典阿法拉伐公司（ALFA LA-VAL）、英国安培威公司（APV）、日阪制作所等。我国在板式换热器的设计与制造上也已达到较高的水平，像兰州石油机械研究所有限公司、合肥通用机械研究所有限公司等一些单位，在热交换器的研究和设计方面进行了多年的工作，推动了我国换热器的设计和改进、技术标准的制定和推广。板式换热器的应用面很广，尤其适用于医药、食品、制酒、饮料、合成纤维、造船、化工等工业，并且随着板型、结构上的改进，正在进一步扩大其应用领域。

4.1.1 构造和工作原理

板式换热器按构造分为可拆卸（密封垫式）、全焊式和半焊式三类，其中密封垫式的应用最广，它们的工作原理基本相同。可拆卸板式换热器由三个主要部件——传热板片、密封垫片、压紧装置，以及其他一些部件（如轴、接管等）组成，如图4.1（a）所示。在固定压紧板上，交替地安放一张板片和一个垫片，达到设定的换热面积，然后安放活动压紧板，旋紧压紧螺栓即构成一台板式换热器。各传热板片按一定的顺序相叠即形成板片间的流道，冷、热流体在板片两侧各自的流道内流动，通过传热板片进行热交换（图4.2）。

4.1.2 板式换热器的特点

由于板式换热器是由若干传热板片叠装而成，板片很薄且具有波纹型表面，因而带来一系列优点。由于波纹板片的交叉相叠使通道内流体形成复杂的二维或三维流动（图4.3），并缩窄的板间距，大大加强了流体的扰动，因而能在很小的雷诺数时形成湍

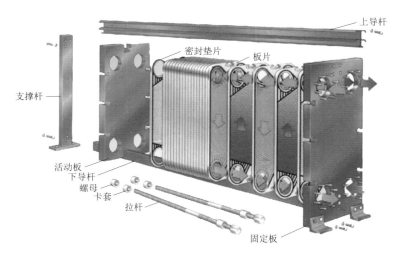

（a）可拆卸板式换热器结构图

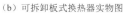

（b）可拆卸板式换热器实物图　　　　　（c）焊接式板式换热器实物图

图 4.1　板式换热器

流和高的传热系数。临界雷诺数为 $10 \sim 400$，具体数值取决于几何结构。附录 A 中列有一般情况下板式换热器的传热系数值。据资料介绍，在同一压力损失下，板式换热器每平方米传热面积所传递的热量为管壳式换热器的 $6 \sim 7$ 倍。加之板片很薄，其紧凑性约为管壳式换热器的 3 倍，可达到 $300 \mathrm{m}^2 / \mathrm{m}^3$ 以上，在同一热负荷下其体积为管壳式换热器的 $1/10 \sim 1/5$。对于可拆卸板式换热器，不仅清洗、检修方便，而且可按需要，方便地通过增减板片数和流程数形成多种组合，达到不同的换热要求和适应不同的处理量。此外，在板式换热器中还可以通过采用加装隔板的办法在一台换热器中实现 3 种以上流体之间的热交换。

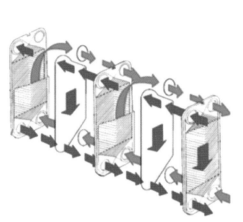

触点

图 4.2 板式换热器换热过程　　　　图 4.3 流体在板间的三维流动

4.1.3 板式换热器的主要技术指标

(1) 最大板片面积：$4.67\sim0.475m^2$。

(2) 最大角孔尺寸：450mm 以上。

(3) 最大处理量：$5000m^3/h$。

(4) 最高工作压力：2.8MPa。

(5) 最高工作温度：橡胶垫片为 150℃；压缩石棉垫片为 260℃；压缩石棉橡胶垫片为 360℃。

(6) 最佳传热系数：$7000W/(m^2 \cdot ℃)$（水—水，无垢阻）。

(7) 紧凑性：$250\sim1000m^2/m^3$。

(8) 金属消耗量：$16kg/m^2$。

4.2 板式换热器的实验目的

(1) 了解板式换热器性能测定的原理及方法。

(2) 了解板式换热器换热性能实验台的循环流程及各组成设备。

(3) 测定板式换热器的换热性能。

(4) 理解与认识换热的重要性。

(5) 比较改变换热条件对换热性能的影响。

(6) 了解板式换热器选型需要考察换热器的哪些指标。

（7）掌握板式换热器性能的测试和计算方法。

（8）熟悉实验装置的有关仪器、仪表，掌握其操作方法。

4.3　板式换热器的实验原理

4.3.1　测试原理

本实验采用冷水与热水换热实验，其测试原理如图 4.4 所示。

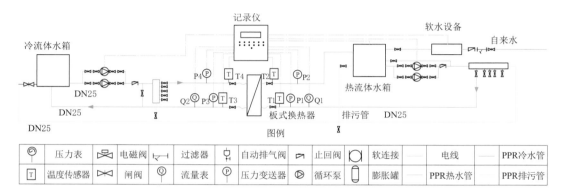

图 4.4　板式换热器测试原理图

本实验采用换热器换热性能实验台进行测试，通过对不同流量、不同温度参数的换热器进行测试、数据采集，并进行计算、分析，从而达到测试的目的。

实验台包含冷流体侧循环系统、热流体侧循环系统、数据采集系统和被测产品，其中，冷流体侧循环系统包括冷水箱、分水器、循环水泵及管件等；热流体侧循环系统包括热水箱、分集水器、循环水泵及管件等；数据采集系统包括无纸记录仪、温度传感器、流量计、压力变送器及配电柜等；被测产品为板式换热器。通过以上设备，实验时，冷流体侧循环系统和热流体侧循环系统同时运行，数据采集系统采集被测换热器的进出口的温度、压力和流量，通过数据处理可实现对换热器效率、换热器阻力和换热系数的测量，并能够比较同款换热器在顺流和逆流时的工作性能。

实验台中的热流体水箱，自带电加热装置，且能够满足设定的恒温水需求，用来保证测试换热器的水恒温，水泵的出口处有回流管路可以调节流量；冷流体水箱用来储存换热后的水，可循环使用，也可以直接排水，冷流体侧的水泵出口处也有回流管可以调节流量；热流体水箱的温度可以根据要求设定，无纸记录仪可以记录各个时刻的换热器两侧的水温、压力、流量等参数，通过对不同流量、不同温度参数的工况进行换热器测试，采集到不同数据，经过计算、分析可得到测试结果。实验台的热水加热采用电加热方式，冷、热流体的进出口温度、压力、流量采用无纸记录仪进行数据采集。

4.3.2 实验台参数

1. 换热器换热面积

（1）套管式换热器换热面积为 $3m^2$。

（2）板式换热器换热面积为 $3m^2$。

（3）列管式换热器换热面积为 $3m^2$。

2. 电加热器总功率（名义）

总功率为 15kW。

3. 冷、热水泵

允许工作温度 $T \leqslant 80℃$；额定流量为 $3 \sim 9m^3/h$；扬程为 30m；电机电压为 220V；电机功率为 370W。

4. 转子流量计

型号为 LZB-15，$40 \sim 400L/h$；允许温度范围为 $0 \sim 120℃$。

4.4 板式换热器的实验步骤

4.4.1 实验前准备

（1）熟悉实验装置及使用仪表的工作原理和性能。

（2）打开所要进行实验的换热器阀门，关闭其他阀门。

（3）按顺流（或逆流）方式调整冷水换向阀门的开或关。

（4）冷、热水箱充水，禁止无水运行水泵。

（5）开启热水箱中的电加热，把水温加热到设定温度。

4.4.2 实验操作

（1）接通电源，启动热水泵，并调整好合适的流量。

（2）将加热器开关分别打开（热水泵启动，加热才能供电）。

（3）利用无纸记录仪观测和检查换热器冷、热流体的进出口温度，待冷、热流体的温度基本稳定后，即可测读出相应测温点的温度数值，同时测读转子流量计冷、热流体的流量读数。把这些测试结果记录在实验数据记录表中。

（4）如需要改变流动方向（顺流—逆流）的实验，或需要绘制换热器传热性能曲线而要求改变工况〔如改变冷水（热水）流速（或流量）〕进行实验，或需要重复进行实验时，都要重新安排实验，实验操作与上述步骤基本相同，并记录下这些实验的测试数据。

（5）实验结束后，首先关闭电加热器开关，5min后切断全部电源。

4.4.3 数据导出

实验数据记录表见表4.1。

表 4.1　　　　　　　　　　　实 验 数 据 记 录 表

换热器名称：　　　　　　　　　换热器规格型号：　　　　　　　环境温度 t_0：　　℃

流体流动方向	热 流 体					冷 流 体				
	进口温度 T_1/℃	出口温度 T_2/℃	流量计读数 V_1 /(L/h)	进口压力 /MPa	出口压力 /MPa	进口温度 t_1/℃	出口温度 t_2/℃	流量计读数 V_2 /(L/h)	进口压力 /MPa	出口压力 /MPa
逆流										
顺流										

4.5　板式换热器的实验数据处理

4.5.1 数据计算

热流体放热量为

$$Q_1 = C_{p1} m_1 (T_1 - T_2) \tag{4.1}$$

$$C_{p1} = \frac{\pi}{4} \times 0.011^2 \times 0.98 \times \sqrt{2\rho\Delta p} \quad (\text{kg/s}) \tag{4.2}$$

冷流体吸热量为

$$Q_2 = C_{p2} m_2 (t_1 - t_2) \tag{4.3}$$

$$C_{p2} = \frac{\pi}{4} \times 0.011^2 \times 0.98 \times \sqrt{2\rho\Delta p} \quad （kg/s） \tag{4.4}$$

平均换热量为

$$Q = \frac{Q_1 + Q_2}{2} \tag{4.5}$$

热平衡误差为

$$\Delta = \frac{Q_1 - Q_2}{Q} \times 100\% \tag{4.6}$$

对数传热温差为

$$\Delta_1 = \frac{\Delta T_2 - \Delta T_1}{\ln\frac{\Delta T_2}{\Delta T_1}} = \frac{\Delta T_1 - \Delta T_2}{\ln\frac{\Delta T_1}{\Delta T_2}} \tag{4.7}$$

其中

$$\Delta T_1 = T_1 - t_2$$

$$\Delta T_2 = T_2 - t_1$$

传热系数为

$$K = \frac{Q}{F\Delta T_m} \tag{4.8}$$

式中　K——传热系数，W/(m² · ℃)；

C_{p1}、C_{p2}——热、冷流体的定压比热，J/(kg · ℃)；

m_1、m_2——热、冷流体的质量流量是根据修正后的流量计体积流量读数 V_1、V_2 再换算成的质量流量值，kg/s；

T_1、T_2——通道 1、2 热流体的进出口温度，℃；

t_1、t_2——通道 3、4 冷流体的进出口温度，℃；

F——换热器的换热面积，m²；

ΔT_m——两流体之间的平均温差，℃。

4.5.2　绘制传热性能曲线并作比较

（1）以传热系数为纵坐标，冷水（热水）流速（或流量）为横坐标绘制传热性能曲线。

（2）对三种不同工况的性能进行比较。

4.6　板式换热器的实验注意事项

（1）热流体在热水箱中加热温度不得超过 80℃。

（2）实验台使用前应加接地线，以确保安全。

（3）长期不用须把系统中的水全部放掉。

4.7 板式换热器的实验用图表

（　　　　　　　　）实验数据记录表

换热器名称：　　　　　　　　　换热器规格型号：　　　　　　　　　环境温度 t_0：　　℃

流体流动方向	热 流 体					冷 流 体				
	进口温度 $T_1/℃$	出口温度 $T_2/℃$	流量计读数 V_1 /(L/h)	进口压力 /MPa	出口压力 /MPa	进口温度 $t_1/℃$	出口温度 $t_2/℃$	流量计读数 V_2 /(L/h)	进口压力 /MPa	出口压力 /MPa
逆流										
顺流										

姓名：＿＿＿＿＿＿＿＿　学号：＿＿＿＿＿＿＿＿　班级：＿＿＿＿＿＿＿＿

实验、实训分析图表

姓名：_____ 学号：_____ 班级：_____

实验、实训分析图表

姓名：_____ 学号：_____ 班级：_____

实验、实训分析图表

姓名：＿＿＿＿＿＿　　学号：＿＿＿＿＿＿　　班级：＿＿＿＿＿＿

实验、实训分析图表

姓名：_____　　学号：_____　　班级：_____

实验、实训分析图表

第5章 管壳式换热器的测试

5.1 管壳式换热器认知

在间壁式换热器这一大类中，应用得最为普遍、研究得最多的当推管壳式换热器。管壳式换热器按其结构的不同一般可分固定管板式、U形管式、浮头式和填料函式四种类型。

5.1.1 固定管板式换热器的类型及标准

图5.1和图5.2中所示的换热器是将管子两端固定在位于壳体两端的固定管板上，由于管板与壳体固定在一起，所以称为固定管板式换热器。与后述几种换热器形式相比，它的结构比较简单，重量轻，在壳程程数相同的条件下可排的管数多。但是它的壳程不能检修和清洗，因此应采用不易结垢和清洁的流体，当管束与壳体的温差太大而产生不同的热膨胀时，常会使管子与管板的接口脱开，从而发生流体的泄漏。为避免后患，可在外管上装设膨胀节，如图5.3所示。为安全起见，在管壁与壳壁温度相差50℃以上时，换热器一般应有温差补偿装置（膨胀节）。但膨胀节只能用在壳壁与管壁温差低于60℃和壳程流体压强不高的情况。一般壳程压强超过0.6MPa时，由于补偿圈过厚，难以伸缩，失去温差补偿的作用，此时就应考虑其他结构。但外管上增设

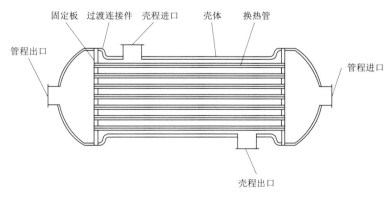

图5.1 固定管板式换热器结构图

膨胀节只能减小而不能完全消除由于温差引起的热应力，且在多程换热器中，这种方法不能照顾到管子的相对移动。

图 5.2　固定管板式换热器实物图

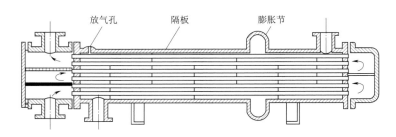

图 5.3　带膨胀节的固定管板式换热器结构图

5.1.2　U 形管式换热器

U 形管式换热器（图 5.4 和图 5.5）的管束由 U 形弯管组成。管子两端固定在同一块管板上，弯曲端不加固定，使每根管子具有自由伸缩的余地而不受其他管子及壳体的影响。这种换热器在需要清洗时可将整个管束抽出，但要清除管子内壁的污垢却比较困难。因为弯曲的管子需要一定的弯曲半径，因而在制造时需用不同曲率的模子弯管，这会使管板的有效利用率降低。此外，损坏的管子也难以调换，U 形管管束的中心部分空间对换热器的工作有着不利的影响。由于这些缺点的存在，使得 U 形管式换热器的应用受到很大的限制。

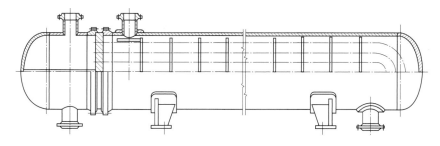

图 5.4　U 形管式换热器结构图

图 5.5　U 形管式换热器三维图

5.1.3　浮头式换热器

浮头式换热器（图 5.6 和图 5.7）的两端管板只有一端以法兰与壳体实行固定连接，这一端称为固定端；另一端的管板不与壳体固定连接而可相对于壳体滑动，这一端被称为浮头端。因此，在这种换热器中，管束的热膨胀不受壳体的约束，壳体与管束之间不会因差胀而产生热应力。这种换热器在需要清洗和检修时，仅将整个管束从固定端抽出即可进行。由于浮头位于壳体内部，故又称内浮头式换热器。它的缺点是，浮头盖与管板法兰的连接有相当大的面积，使壳体直径增大，在管束与壳体之间形成了阻力较小的环形通道，部分流体将由此处旁通而不参加热交换过程。上述优缺点表明，对于管子和壳体间温差大、壳程介质腐蚀性强、易结垢的情况，浮头式换热器能很好地适应，但其结构复杂，金属消耗量多，也使它的应用受到一定限制。

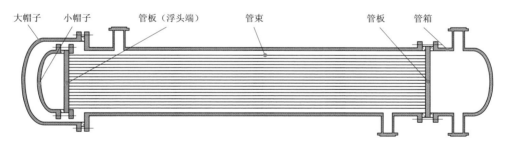

大帽子　小帽子　　　管板（浮头端）　　　管束　　　　　　管板　管箱

图 5.6　浮头式换热器结构图

5.1.4　填料函式换热器

填料函式换热器（图 5.8 和图 5.9）是一种使一端管板固定而另一端管板可在填料函中滑动的换热器，实际上它是将浮头露在壳体外面的浮头式换热器，所以又称外浮头式换热器。由于填料密封处容易泄漏，故不宜用于易挥发、易燃、易爆、有毒和高压流体的热交换。而且由于制造复杂，安装不便，因而此种结构不常采用。

图 5.7 浮头式换热器实物图

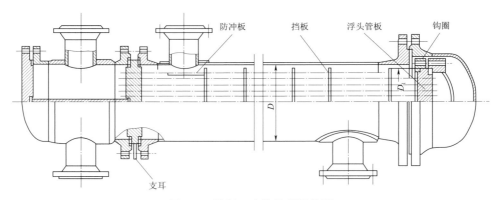

图 5.8 填料函式换热器结构图

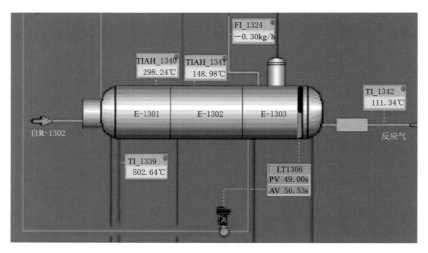

图 5.9 填料函式换热器三维图

5.1.5 管壳式换热器的组成

管壳式换热器的主要组合部件有前端管箱、壳体和后端结构（包括管束）三部分，其结构形式及代号见表 5.1，三个部分的不同组合，就形成结构不同的换热器。为了说

表 5.1　　　　　　　　　　　　**管壳式换热器的结构形式及代号**

前端管箱形式		壳体形式		后端结构（包括管束）形式	
A	平盖管箱	E	单程壳体	L	与前端管箱形式A相似的固定管板结构
B	封头管箱	F	具有纵向隔板的双程壳体	M	与前端管箱形式B相似的固定管板结构
C	可拆管束与管板制成一体的管箱	G	分流壳体	N	与前端管箱形式N相似的固定管板结构
		H	双分流壳体	P	外填料函式浮头
		J	无隔板分流壳体	S	钩圈式浮头
N	与固定管板制成一体的管箱			T	可抽式浮头
		K	釜式重沸器壳体	U	U形管束
D	特殊高压管箱	X	穿流壳体	W	带套环填料函式浮头

明管壳式换热器的一般结构，现以浮头式换热器为例，如图 5.10 所示：这台浮头式换热器的前端管箱属于表 5.1 所示的 A 型（平盖管箱），也可用 B 型（封头管箱）；而其壳体是一个单程壳体，属于表 5.1 中的 E 型。其后端结构是一个钩圈式浮头，属于表 5.1 中所示的 S 型。因而将此换热器命名为 AES 浮头式换热器或 BES 浮头式换热器，它的各个零部件名称见表 5.1。

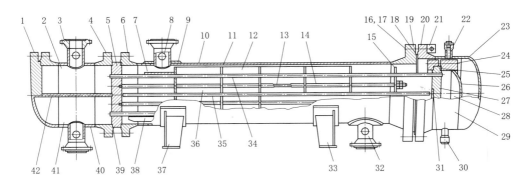

图 5.10　AES、BES 浮头式换热器

1—音箱平盖；2—平盖管箱（部件）；3—接管法兰；4—管箱法兰；5—固定管板；6—壳体法兰；7—防冲板；
8—仪表接口；9—补强圈；10—壳程圆筒；11—折流板；12—旁路挡板；13—拉杆；14—定距管；
15—支持板；16—双头螺柱或螺栓；17—螺母；18—外头盖垫片；19—外头盖侧法兰；20—外头
盖法兰；21—吊耳；22—放气口；23—凸形封头；24—浮头法兰；25—浮头垫片；26—球冠形封头；
27—浮动管板；28—浮头盖（部件）；29—外头盖（部件）；30—排液口；31—钩圈；32—接管；
33—活动鞍座（部件）；34—换热管；35—挡管；36—管束（部件）；37—固定鞍座（部件）；
38—滑道；39—管箱垫片；40—管箱圆筒；41—封头管箱（部件）；42—分程隔板

5.2　管壳式换热器的实验目的

（1）了解管壳式换热器性能测定的原理及方法。

（2）了解管壳式换热器换热性能实验台的循环流程及各组成设备。

（3）测定管壳式换热器的换热性能。

（4）理解与认识换热的重要性。

（5）比较改变换热条件对换热性能的影响。

（6）了解管壳式换热器选型需要考察换热器的哪些指标。

（7）掌握管壳式换热器性能的测试和计算方法。

（8）熟悉实验装置的有关仪器、仪表，掌握其操作方法。

5.3　管壳式换热器的实验原理

换热器换热性能实验台通过对不同流量、不同温度参数的换热器进行测试、数据采集，并进行计算、分析，从而达到测试的目的，如图 5.11 所示。

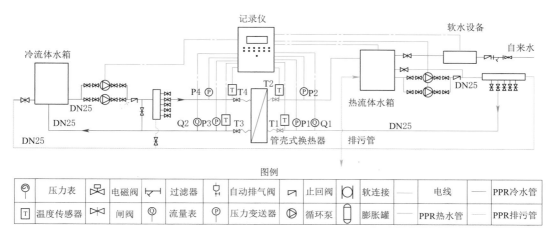

图 5.11　管壳式换热器测试原理图

实验台包含冷流体侧循环系统、热流体侧循环系统、数据采集系统和被测产品，其中，冷流体侧循环系统包括冷水箱、分水器、循环水泵及管件等；热流体侧循环系统包括热水箱、分集水器、循环水泵及管件等；数据采集系统包括无纸记录仪、温度传感器、流量计、压力变送器及配电柜等；被测产品为管壳式换热器。通过以上设备，实验时，冷流体侧循环系统和热流体侧循环系统同时运行，数据采集系统采集被测换热器的进出口温度、压力和流量，通过数据处理可实现对换热器效率、换热器阻力和换热系数的测量，并能够比较同款换热器在顺流和逆流时的工作性能。

5.4　管壳式换热器的实验步骤

5.4.1　实验前准备

（1）熟悉实验装置及使用仪表的工作原理和性能。

（2）打开所要进行实验的换热器阀门，关闭其他阀门。

（3）按顺流（或逆流）方式调整冷水换向阀门的开或关。

（4）冷、热水箱充水，禁止水泵无水运行（热水泵启动，加热才能供电）。

（5）开启热水箱中的电加热，把水温加热到设定温度。

5.4.2 实验操作

（1）接通电源，启动热水泵，并调整好合适的流量。

（2）将加热器开关分别打开（热水泵启动，加热才能供电）。

（3）利用无纸记录仪，观测和检查换热器冷、热流体的进出口温度，待冷、热流体的温度基本稳定后，即可记录相应测温点的温度数值，同时记录转子流量计冷、热流体的流量读数；把这些测试结果记录在实验数据记录表中。

（4）如需要改变流动方向（顺流—逆流）的实验，或需要绘制换热器传热性能曲线而要求改变工况［如改变冷水（热水）流速（或流量）］进行实验，或需要重复进行实验时，都要重新安排实验，实验方法与上述实验基本相同，并记录下这些实验的测试数据。

（5）实验结束后，首先关闭电加热器开关，5min 后切断全部电源。

5.4.3 数据导出

实验数据记录表见表5.2。

表 5.2　　　　　　　　　　　实 验 数 据 记 录 表

换热器名称：　　　　　　　　换热器规格型号：　　　　　　　　环境温度 t_0：　　℃

流体流动方向	热 流 体					冷 流 体				
	进口温度 T_1/℃	出口温度 T_2/℃	流量计读数 V_1 /(L/h)	进口压力 /MPa	出口压力 /MPa	进口温度 t_1/℃	出口温度 t_2/℃	流量计读数 V_2 /(L/h)	进口压力 /MPa	出口压力 /MPa
逆流										
顺流										

5.5　管壳式换热器的实验数据处理

5.5.1　数据计算

热流体放热量为

$$Q_1 = C_{p1} m_1 (T_1 - T_2) \tag{5.1}$$

$$C_{p1} = \frac{\pi}{4} \times 0.011^2 \times 0.98 \times \sqrt{2\rho \cdot \Delta p} \quad (\text{kg/s}) \tag{5.2}$$

冷流体吸热量为

$$Q_2 = C_{p2} m_2 (t_1 - t_2) \tag{5.3}$$

$$C_{p2} = \frac{\pi}{4} \times 0.011^2 \times 0.98 \times \sqrt{2\rho \cdot \Delta p} \quad (\text{kg/s}) \tag{5.4}$$

平均换热量为

$$Q = (Q_1 + Q_2)/2 \tag{5.5}$$

热平衡误差为

$$\Delta = \frac{Q_1 - Q_2}{Q} \times 100\% \tag{5.6}$$

对数传热温差为

$$\Delta_1 = \frac{\Delta T_2 - \Delta T_1}{\ln \dfrac{\Delta T_2}{\Delta T_1}} = \frac{\Delta T_1 - \Delta T_2}{\ln \dfrac{\Delta T_1}{\Delta T_2}} \tag{5.7}$$

其中

$$\Delta T_1 = T_1 - t_2$$

$$\Delta T_2 = T_2 - t_1$$

传热系数为

$$K = \frac{Q}{F \Delta T_m} \tag{5.8}$$

式中　K——传热系数，$\text{W}/(\text{m}^2 \cdot ℃)$；

C_{p1}、C_{p2}——热、冷流体的定压比热，$\text{J}/(\text{kg} \cdot ℃)$；

m_1、m_2——热、冷流体的质量流量是根据修正后的流量计体积流量读数 V_1、V_2 再换
　　　　算成的质量流量值，kg/s；

T_1、T_2——通道1、2热流体的进出口温度，$℃$；

t_1、t_2——通道3、4冷流体的进出口温度，$℃$；

　　F——换热器的换热面积，m^2；

ΔT_m——两流体之间的平均温差，$℃$。

5.5.2　绘制传热性能曲线并作比较

（1）以传热系数为纵坐标，冷水（热水）流速（或流量）为横坐标绘制传热性能曲线。

（2）对三种不同工况的性能进行比较。

5.6　管壳式换热器的实验注意事项

（1）热流体在热水箱中加热温度不得超过 80℃。

（2）实验台使用前应加接地线，以确保安全。

（3）长期不用须把系统中的水全部放掉。

5.7 管壳式换热器的实验用图表

（   ）实验数据记录表

换热器名称：   换热器规格型号：   环境温度 t_0：   ℃

流体流动方向	热 流 体					冷 流 体				
	进口温度 T_1/℃	出口温度 T_2/℃	流量计读数 V_1 /(L/h)	进口压力 /MPa	出口压力 /MPa	进口温度 t_1/℃	出口温度 t_2/℃	流量计读数 V_2 /(L/h)	进口压力 /MPa	出口压力 /MPa
逆流										
顺流										

姓名：＿＿＿＿＿＿　　学号：＿＿＿＿＿＿　　班级：＿＿＿＿＿＿

实验、实训分析图表

姓名：＿＿＿＿＿＿ 学号：＿＿＿＿＿＿ 班级：＿＿＿＿＿＿

实验、实训分析图表

姓名：＿＿＿＿＿＿＿＿＿　　学号：＿＿＿＿＿＿＿＿＿　　班级：＿＿＿＿＿＿＿＿＿

实验、实训分析图表

姓名：_____ 学号：_____ 班级：_____

实验、实训分析图表

姓名：＿＿＿＿＿＿ 学号：＿＿＿＿＿＿ 班级：＿＿＿＿＿＿

实验、实训分析图表

第 6 章　螺旋板式换热器的测试

6.1　螺旋板式换热器认知

螺旋板式换热器（图 6.1）是一种由螺旋形传热板片构成的换热器，其比管壳式换热器传热性能好、结构紧凑、制造简单、运输安装方便，适用于石油化工、制药、食品、染料、制糖等工业部门的气-气、气-液、液-液对流或冷凝的热交换。

6.1.1　螺旋板式换热器基本构造和工作原理

螺旋板式换热器的构造包括定距柱、螺旋板、回转支座、头盖、垫片、切向接管等基本部件，如图 6.2 所示，其具体结构将因型式不同而异。各种形式的螺旋板式换热器均包含由两张厚 2～6mm 的钢板卷制而成的一对同心圆的螺旋形流道，中心处的隔板将板片两侧流体隔开，冷、热流体在板片两侧的流道内流动，通过螺旋板进行热交换。螺旋板一侧表面上有定距柱，它可以保证流道的间距，也能起加强湍流和增加螺旋板刚度的作用，一般用直径为 3～10mm 的圆钢在卷板前预焊在钢板上。

图 6.1　螺旋板式换热器实物图

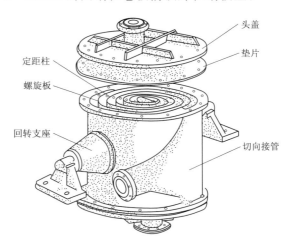

图 6.2　螺旋板式换热器结构图

6.1.2　螺旋板式换热器的类型

　　螺旋板式换热器可分别按流道的不同和螺旋体两端密封方法的不同来分类。但根据我国的行业标准，我国的螺旋板式换热器是按可拆与不可拆来划分的，本书将其分为不可拆型、可拆式堵死型、可拆式贯通型三种型式，如图 6.3 所示。

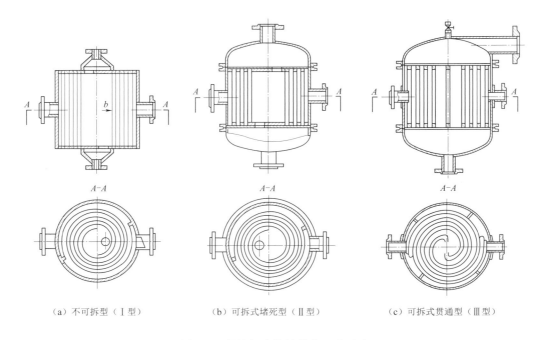

（a）不可拆型（Ⅰ型）　　　　　（b）可拆式堵死型（Ⅱ型）　　　　　（c）可拆式贯通型（Ⅲ型）

图 6.3　螺旋板式换热器的三种型式

　　（1）不可拆型（Ⅰ型）。两流体均匀螺旋流动 ［图 6.3（a）］，通道两端全焊密封 ［图 6.4（a）］，为不可拆结构，通常是冷流体由外周边流向中心排出，热流体由中心流向外周边排出，实现纯逆流换热。常用于液-液热交换，由于受到通道断面的限制，只能用在流量不大的场合。也用于汽-液、气-汽流体的传热，还可用来加热和冷却高黏度液体。

　　（2）可拆式堵死型（Ⅱ型）。流体的流动方式与Ⅰ型相同，但通道两端交错焊接 ［图 6.4（b）］，两端面的密封采用顶盖加垫片的结构，螺旋体可由两端分别进行机械清洗，故为可拆式堵死型。主要用于气-液及液-液的热交换，尤其适用于比较脏、易结垢的介质。

　　（3）可拆式贯通型（Ⅲ型）。一侧流体螺旋流动，流体由周边转到中心，然后再转到另一周边流出；另一侧流体只作轴向流动，如，蒸汽由顶部端盖进入，经敞开通道向下轴向流动而被冷凝，凝液从底部排出 ［图 6.3（c）］。通道的密封结构为一个通道的两端焊接，另一个通道的两端全敞开［图 6.4（c）］，实际上这是一种半可拆结构。由于它的轴向流通截面比螺旋通道的流通截面大得多，适用于两流体的体积流量相差大的情况，故常用作冷凝器等气-液热交换。

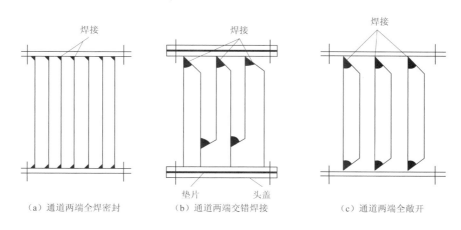

图 6.4　流道的密封

除此以外，还可以有一些特殊结构，如，一侧流体螺旋流动，另一侧为先轴向而后螺旋流动的结构，适用于蒸汽的冷凝冷却。我国的相关产品在用于冷凝时，要求立式安装，国外已有用于某些特殊场合的水平放置的螺旋板式冷凝器。为了适应大流量工况的需要，我国已有厂家研制出四通道的螺旋板式换热器，其中每种流体可以同时在两个流道内流动，使流量增大 1 倍，流道长度减小为原来的 1/2，阻力也大为减小，这种换热器已在酒精制造领域得到应用。

6.2　螺旋板式换热器的实验目的

（1）了解螺旋板式换热器性能测定的原理及方法。

（2）了解螺旋板式换热器换热性能实验台的循环流程及各组成设备。

（3）测定螺旋板式换热器的换热性能。

（4）理解与认识换热的重要性。

（5）比较改变换热条件对换热性能的影响。

（6）了解螺旋板式换热器选型需要考察换热器的哪些指标。

（7）掌握螺旋板式换热器性能的测试和计算方法。

（8）熟悉实验装置的有关仪器、仪表，掌握其操作方法。

6.3 螺旋板式换热器的实验原理

换热器换热性能实验台通过对不同流量、不同温度参数的换热器进行测试、数据采集，并进行计算、分析，从而达到测试的目的，如图 6.5 所示。

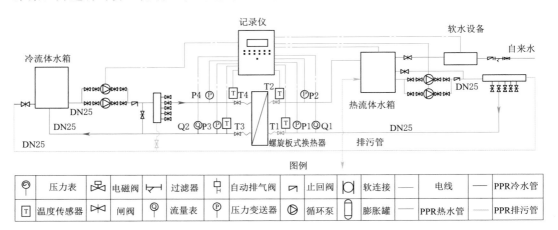

图 6.5 螺旋板式换热器测试原理图

实验台包含冷流体侧循环系统、热流体侧循环系统、数据采集系统和被测产品，其中，冷流体侧循环系统包括冷水箱、分水器、循环水泵及管件等；热流体侧循环系统包括热水箱、分集水器、循环水泵及管件等；数据采集系统包括无纸记录仪、温度传感器、流量计、压力变送器及配电柜等；被测产品为螺旋板式换热器。通过以上设备，实验时，冷流体侧循环系统和热流体侧循环系统同时运行，数据采集系统采集被测换热器的进出口温度、压力和流量，通过数据处理可实现对换热器效率、换热器阻力和换热系数的测量，并能够比较同款换热器在顺流和逆流时的工作性能。

6.4 螺旋板式换热器的实验步骤

6.4.1 实验前准备

（1）熟悉实验装置及使用仪表的工作原理和性能。

（2）打开所要实验的螺旋板式换热器阀门，关闭其他阀门。

（3）按顺流（或逆流）方式调整冷水换向阀门的开或关。

（4）冷、热水箱充水，禁止水泵无水运行（热水泵启动，加热才能供电）。

（5）开启热水箱中的电加热，把水温加热到设定温度。

6.4.2 实验操作

（1）接通电源，启动热水泵，并调整好合适的流量。

（2）将加热器开关分别打开（热水泵启动，加热才能供电）。

（3）利用无纸记录仪，观测和检查换热器冷、热流体的进出口温度，待冷、热流体的温度基本稳定后，即可测读出相应测温点的温度数值，同时测读转子流量计冷、热流体的流量读数，把这些测试结果记录在实验数据记录表中。

（4）如需要改变流动方向（顺流—逆流）的实验，或需要绘制换热器传热性能曲线而要求改变工况［如改变冷水（热水）流速（或流量）］进行实验，或需要重复进行实验时，都要重新安排实验，实验方法与上述实验基本相同，并记录下这些实验的测试数据。

（5）实验结束后，首先关闭电加热器开关，5min后切断全部电源。

6.4.3 数据导出

实验数据记录表见表 6.1。

表 6.1   **实验数据记录表**

换热器名称：   换热器规格型号：   环境温度 t_0：   ℃

流体流动方向	热流体					冷流体				
	进口温度 T_1/℃	出口温度 T_2/℃	流量计读数 V_1/(L/h)	进口压力/MPa	出口压力/MPa	进口温度 t_1/℃	出口温度 t_2/℃	流量计读数 V_2/(L/h)	进口压力/MPa	出口压力/MPa
逆流										
顺流										

6.5 螺旋板式换热器的实验数据处理

6.5.1 数据计算

热流体放热量为

$$Q_1 = C_{p1} m_1 (T_1 - T_2) \tag{6.1}$$

$$C_{p1} = \frac{\pi}{4} \times 0.011^2 \times 0.98 \times \sqrt{2\rho\Delta p} \quad (\text{kg/s}) \tag{6.2}$$

冷流体吸热量为

$$Q_2 = C_{p2} m_2 (t_1 - t_2) \tag{6.3}$$

$$C_{p2} = \frac{\pi}{4} \times 0.011^2 \times 0.98 \times \sqrt{2\rho\Delta p} \quad (\text{kg/s}) \tag{6.4}$$

平均换热量为

$$Q = \frac{Q_1 + Q_2}{2} \tag{6.5}$$

热平衡误差为

$$\Delta = \frac{Q_1 - Q_2}{Q} \times 100\% \tag{6.6}$$

对数传热温差为

$$\Delta_1 = \frac{\Delta T_2 - \Delta T_1}{\ln \dfrac{\Delta T_2}{\Delta T_1}} = \frac{\Delta T_1 - \Delta T_2}{\ln \dfrac{\Delta T_1}{\Delta T_2}} \tag{6.7}$$

其中
$$\Delta T_1 = T_1 - t_2$$
$$\Delta T_2 = T_2 - t_1$$

传热系数为

$$K = \frac{Q}{F \Delta T_m} \tag{6.8}$$

式中　K——传热系数，$W/(m^2 \cdot ℃)$；

C_{p1}、C_{p2}——热、冷流体的定压比热，$J/(kg \cdot ℃)$；

m_1、m_2——热、冷流体的质量流量是根据修正后的流量计体积流量读数 V_1、V_2 再换算成的质量流量值，kg/s；

T_1、T_2——通道1、2热流体的进出口温度，$℃$；

t_1、t_2——通道3、4冷流体的进出口温度，$℃$；

F——换热器的换热面积，m^2；

ΔT_m——两流体之间的平均温差，$℃$。

6.5.2　绘制传热性能曲线并作比较

（1）以传热系数为纵坐标，冷水（热水）流速（或流量）为横坐标绘制传热性能曲线。

（2）对三种不同工况的性能进行比较。

6.6　螺旋板式换热器的实验注意事项

（1）热流体在热水箱中加热温度不得超过80℃。

（2）实验台使用前应加接地线，以确保安全。

（3）长期不用须把系统中的水全部放掉。

6.7　螺旋板式换热器的实验用图表

（　　　　　　　　）实验数据记录表

换热器名称：　　　　　　　　　换热器规格型号：　　　　　　　　　环境温度 t_0：　　℃

流体流动方向	热　流　体					冷　流　体				
	进口温度 T_1/℃	出口温度 T_2/℃	流量计读数 V_1/(L/h)	进口压力/MPa	出口压力/MPa	进口温度 t_1/℃	出口温度 t_2/℃	流量计读数 V_2/(L/h)	进口压力/MPa	出口压力/MPa
逆流										
顺流										

姓名：_____ 学号：_____ 班级：_____

实验、实训分析图表

姓名：＿＿＿＿＿＿＿　　学号：＿＿＿＿＿＿＿　　班级：＿＿＿＿＿＿＿

实验、实训分析图表

姓名：_____ 学号：_____ 班级：_____

实验、实训分析图表

姓名：_____ 学号：_____ 班级：_____

实验、实训分析图表

姓名：_____ 学号：_____ 班级：_____

实验、实训分析图表

第7章 套管式换热器的测试

7.1 套管式换热器认知

7.1.1 概述

套管式换热器（图 7.1）是目前石油化工生产中应用最广的一种换热器，它主要由壳体（包括内管和外管）、U 形肘管、填料函等组成。其管材可采用普通碳钢、铸铁、铜、钛、陶瓷玻璃等制作，套管式换热器壳体一般被固定在支架上，两种不同介质可在管内逆向流动（或同向）以达到换热的目的。在进行逆向换热时，热流体由上部进入，而冷流体由下部进入，热量通过内管管壁由一种流体传递给另一种流体，通过这种方式传热的换热器称为套管式换热器。由于套管式换热器被广泛应用在石油化工、制冷等工业部门，原本单一的传热方式和传热效率已经不能满足实际工作和生产，目前国内外研究者对套管式换热器提出了很多种改进方案，以延长套管式换热器的使用

图 7.1 套管式换热器实物图

寿命, 加强其使用效率。

7.1.2 套管式换热器结构原理

套管式换热器是以同心套管中的内管作为传热元件的换热器。两种不同直径的管子套在一起组成同心套管, 每一段套管称为"一程", 各程的内管 (传热管) 连接 U 形肘管, 而外管用短管依次连接成排, 固定于支架上 (图 7.2 和图 7.3)。热量通过内管管壁由一种流体传递给另一种流体, 通常热流体 (A 流体) 由上部引入, 而冷流体 (B 流体) 则由下部引入。套管中外管的两端与内管用焊接或法兰连接, 内管与 U 形肘管多用法兰连接, 便于传热管的清洗和增减。每程传热管的有效长度取 $4 \sim 7 \mathrm{m}$, 换热器传热面积最高达 $18 \mathrm{m}^2$, 故适用于小容量换热。当内外管壁温差较大时, 可在外管设置 U 形膨胀节或在内外管间采用填料函滑动密封, 以减小温差应力。

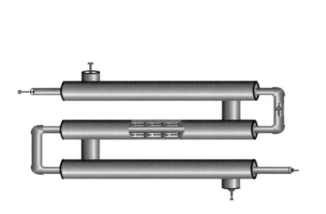

图 7.2 套管式换热器的三维图

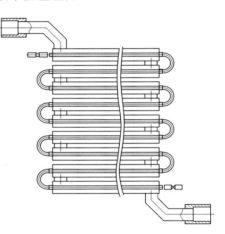

图 7.3 套管换热器结构图

7.1.3 套管式换热器的优点

套管式换热器具有以下若干突出的优点, 所以被广泛用于石油化工等工业部门:

(1) 结构简单, 传热面积增减自如。因为套管式换热器由标准构件组合而成, 安装时无需另外加工。

(2) 传热效能高。套管式换热器是一种纯逆流型换热器, 同时还可以选取合适的截面尺寸, 以提高流体速度, 增大两侧流体的传热系数, 因此它的传热效果好。液-液换热时, 传热系数为 $870 \sim 1750 \mathrm{W} / (\mathrm{m}^2 \cdot \mathbb{C})$。这一点特别适合于高压、小流量、低传热系数流体的换热。

(3) 结构简单, 工作适应范围大, 传热面积增减方便, 两侧流体均可提高流速, 使传热面的两侧都可以有较高的传热系数, 为增大传热面积、提高传热效果, 可在内管外壁加设各种形式的翅片，并在内管中加设刮膜扰动装置，以适应高黏度流体的换热。

（4）可以根据安装位置任意改变形态，利于安装。

7.1.4　套管式换热器的缺点

（1）检修、清洗和拆卸都较麻烦，在可拆连接处容易造成泄漏。

（2）套管式换热器占地面积大；单位传热面积金属耗量多，约为管壳式换热器的 5 倍；管接头多，易泄漏；流阻大。

（3）生产中，有较多材料选择受限，由于大多数套管式换热器内管中不允许有焊接，因为焊接会造成受热膨胀开裂，而套管式换热器为了节省空间多选择弯制、盘制成蛇管形态，故有较多特殊的耐腐蚀材料无法正常生产。

（4）套管式换热器国内还没有形成统一的焊接标准，各个企业都是根据其他换热产品的经验选择焊接方式，所以，套管式换热器的焊接处出现各类问题司空见惯，需要经常注意检查、保养。

7.1.5　套管式换热器的清洗

套管式换热器长期运行会导致设备被水垢堵塞，将会使效率降低、能耗增加、寿命缩短。如果水垢不能被及时清除，就会面临设备维修、停机或者报废更换的危险。传统的清洗方式如机械方法（刮、刷）、高压水、化学清洗（酸洗）等在对换热器清洗时会出现很多问题，如不能彻底清除水垢等沉积物，并对设备造成腐蚀，残留的酸对材质产生二次腐蚀或垢下腐蚀，最终导致更换设备等，此外，清洗废液有毒，需要大量资金进行废水处理。企业可采用高效环保的清洗剂避免上述情况，利用其高效、环保、安全、无腐蚀特点，不但清洗效果良好而且对设备没有腐蚀，能够保证空压机的长期使用。

7.2　套管式换热器的实验目的

（1）了解套管式换热器性能测定的原理及方法。

（2）了解套管式换热器换热性能实验台的循环流程及各组成设备。

（3）测定套管式套管式换热器的换热性能。

（4）理解与认识换热的重要性。

（5）比较改变换热条件对换热性能的影响。

（6）了解套管式换热器选型需要考察套管式换热器的哪些指标。

（7）掌握套管式换热器性能的测试和计算方法。

（8）熟悉实验装置的有关仪器、仪表，掌握其操作方法。

7.3　套管式换热器的实验原理

换热器换热性能实验台通过对不同流量、不同温度参数的换热器进行测试、数据采集，并进行计算、分析，从而达到测试的目的，如图 7.4 所示。

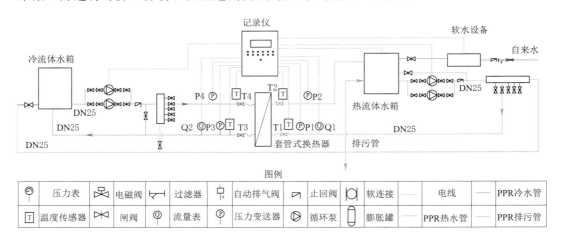

图 7.4　套管式换热器测试原理图

实验台包含冷流体侧循环系统、热流体侧循环系统、数据采集系统和被测产品，其中，冷流体侧循环系统包括冷水箱、分水器、循环水泵及管件等；热流体侧循环系统包括热水箱、分集水器、循环水泵及管件等；数据采集系统包括无纸记录仪、温度传感器、流量计、压力变送器及配电柜等；被测产品为套管式换热器，通过以上设备，实验时，冷流体侧循环系统和热流体侧循环系统同时运行，数据采集系统采集被测换热器的进出口温度、压力和流量，通过数据处理可实现对换热器效率、换热器阻力和换热系数的测量，并能够比较同款换热器在顺流和逆流时的工作性能。

7.4　套管式换热器的实验步骤

7.4.1　实验前准备

（1）熟悉实验装置及使用仪表的工作原理和性能。

（2）打开所要实验的换热器阀门，关闭其他阀门。

（3）按顺流（或逆流）方式调整冷水换向阀门的开或关。

（4）冷、热水箱充水，禁止水泵无水运行（热水泵启动，加热才能供电）。

（5）开启热水箱中的电加热，把水温加热到设定温度。

7.4.2 实验操作

（1）接通电源，启动热水泵，并调整好合适的流量。

（2）将加热器开关分别打开（热水泵启动，加热才能供电）。

（3）利用无纸记录仪观测和检查换热器冷、热流体的进出口温度，待冷、热流体的温度基本稳定后，即可测读出相应测温点的温度数值，同时测读转子流量计冷、热流体的流量读数；把这些测试结果记录实验数据记录表中。

（4）如需要改变流动方向（顺流—逆流）的实验，或需要绘制换热器传热性能曲线而要求改变工况［如改变冷水（热水）流速（或流量）］进行实验，或需要重复进行实验时，都要重新安排实验，实验方法与上述实验基本相同，并记录下这些实验的测试数据。

（5）实验结束后，首先关闭电加热器开关，5min后切断全部电源。

7.4.3 数据导出

实验数据记录表见表7.1。

表 7.1　　　　　　　　　　　　实 验 数 据 记 录 表

换热器名称：　　　　　　　　　换热器规格型号：　　　　　　　　环境温度 t_0：　　℃

流体流动方向	热　流　体						冷　流　体					
	进口温度 T_1/℃	出口温度 T_2/℃	流量计读数 V_1/(L/h)	进口压力/MPa	出口压力/MPa		进口温度 t_1/℃	出口温度 t_2/℃	流量计读数 V_2/(L/h)	进口压力/MPa	出口压力/MPa	
逆流												
顺流												

7.5　套管式换热器的实验数据处理

7.5.1　数据计算

热流体放热量为
$$Q_1 = C_{p1} m_1 (T_1 - T_2) \tag{7.1}$$
$$C_{p1} = \frac{\pi}{4} \times 0.011^2 \times 0.98 \times \sqrt{2\rho \cdot \Delta p} \quad (\text{kg/s}) \tag{7.2}$$

冷流体吸热量为

$$Q_2 = C_{p2} m_2 (t_1 - t_2) \tag{7.3}$$

$$C_{p2} = \frac{\pi}{4} \times 0.011^2 \times 0.98 \times \sqrt{2\rho \cdot \Delta p} \quad (\text{kg/s}) \tag{7.4}$$

平均换热量为

$$Q = \frac{Q_1 + Q_2}{2} \tag{7.5}$$

热平衡误差为

$$\Delta = \frac{Q_1 - Q_2}{Q} \times 100\% \tag{7.6}$$

对数传热温差为

$$\Delta_1 = \frac{\Delta T_2 - \Delta T_1}{\ln \dfrac{\Delta T_2}{\Delta T_1}} = \frac{\Delta T_1 - \Delta T_2}{\ln \dfrac{\Delta T_1}{\Delta T_2}} \tag{7.7}$$

其中

$$\Delta T_1 = T_1 - t_2$$
$$\Delta T_2 = T_2 - t_1$$

传热系数为

$$K = \frac{Q}{F \Delta T_m} \tag{7.8}$$

式中　K——传热系数，$\text{W/(m}^2 \cdot \text{℃)}$；

C_{p1}、C_{p2}——热、冷流体的定压比热，$\text{J/(kg} \cdot \text{℃)}$；

m_1、m_2——热、冷流体的质量流量是根据修正后的流量计体积流量读数 V_1、V_2 再换算成的质量流量值，kg/s；

T_1、T_2——通道 1、2 热流体的进出口温度，℃；

t_1、t_2——通道 3、4 冷流体的进出口温度，℃；

F——换热器的换热面积，m^2；

ΔT_m——两流体之间的平均温差，℃。

7.5.2　绘制传热性能曲线并作比较

（1）以传热系数为纵坐标，冷水（热水）流速（或流量）为横坐标绘制传热性能曲线。

（2）对三种不同工况的性能进行比较。

7.6　套管式换热器的实验注意事项

（1）热流体在热水箱中加热温度不得超过 80℃。

（2）实验台使用前应加接地线，以确保安全。

（3）长期不用须把系统中的水全部放掉。

7.7 套管式换热器的实验用图表

（　　　　　　　）实验数据记录表

换热器名称：　　　　　　　　　　换热器规格型号：　　　　　　　　　　环境温度 t_0：　　℃

流体流动方向	热流体					冷流体				
	进口温度 T_1/℃	出口温度 T_2/℃	流量计读数 V_1 /(L/h)	进口压力 /MPa	出口压力 /MPa	进口温度 t_1/℃	出口温度 t_2/℃	流量计读数 V_2 /(L/h)	进口压力 /MPa	出口压力 /MPa
逆流										
顺流										

姓名：＿＿＿＿＿＿　　学号：＿＿＿＿＿＿　　班级：＿＿＿＿＿＿

实验、实训分析图表

姓名：_____ 学号：_____ 班级：_____

实验、实训分析图表

实验、实训分析图表

姓名：_____　　学号：_____　　班级：_____

实验、实训分析图表

姓名：＿＿＿＿＿＿＿＿　　学号：＿＿＿＿＿＿＿＿　　班级：＿＿＿＿＿＿＿＿

实验、实训分析图表

姓名：＿＿＿＿＿＿　　学号：＿＿＿＿＿＿　　班级：＿＿＿＿＿＿

实验、实训分析图表

附　录

附录 A　传热系数经验数值

附表 A.1　　　　　　　　　常用换热器的传热系数大致范围

换热器形式	热交换流体		传热系数 $K/[\mathrm{W}/(\mathrm{m}^2 \cdot \text{℃})]$	备注
	内侧	外侧		
管壳式（光管）	气	气	10～35	常压
	气	高压气	170～160	20～30MPa
	高压气	气	170～450	20～30MPa
	气	清水	20～70	常压
	高压气	清水	200～700	
	清水	清水	1000～2000	
	清水	水蒸气冷凝	2000～4000	20～30MPa
	高黏度液体	清水	100～300	
	高温液体	气体	30	液体层流
	低黏度液体	清水	200～450	
水喷淋式水平管冷却器	蒸汽凝结	清水	350～1000	液体层流
	气	清水	20～60	常压
	高压气	清水	170～350	10MPa
	高压气	清水	300～900	20～30MPa
盘香管	水蒸气冷凝	搅动液	700～2000	铜管
	水蒸气冷凝	沸腾液	1000～3500	铜管
	冷水	搅动液	900～1400	铜管
	水蒸气凝结	液	280～1400	铜管
	清水	清水	600～900	铜管
	高压气	搅动水	100～350	铜管，20～30MPa

续表

换热器形式	热交换流体		传热系数 $K/[W/(m^2 \cdot ℃)]$	备注
	内侧	外侧		
套管式	气	气	10～35	
	高压气	气	20～60	20～30MPa
	高压气	高压气	170～450	20～30MPa
	高压气	清水	200～600	20～30MPa
	水	水	1700～3000	

附表 A.2　　　　　　　　　　　螺 旋 板 式 换 热 器

流　型	流　体	传热系统 $K/[W/(m^2 \cdot ℃)]$
逆流单项	水-水（两侧流速都小于1.5m/s）	1750～2210
	水-废液	1400～2100
	水-盐水	1160～1750
	水-20%硫酸（铅）	一般810～900，流速高时达1400
	水-98%稀酸或发烟硫酸	一般520～760，流速高时达1160
	水-含硝硫酸（流速为0.3～0.4m/s）	465
	蒸汽凝水-电解碱液30～90℃	870～930
	冷水-浓碱液	465～580
	铜液-铜液	580～760
	水-润滑油	140～350
	有机物-有机物	350～810
	焦油，中油-焦油，中油	160～200
	油-油（较黏）	95～140
	气-盐水	35～70
	气-油	30～45
有相变交错流	水蒸气-水	1500～1980
	含油水蒸气-粗轻油	350～580
	有机蒸汽（或含水蒸气）-水	810～1400

附表 A.3　　　　　　　　板 式 换 热 器 的 传 热 系 数　　　　　　　单位：$W/(m^2 \cdot ℃)$

水-水	水蒸气（或热水）-油	冷水-油	油-油	气-水
2900～4650	810～930	400～580	175～350	25～58

附表 A.4　　空冷器传热系数经验值（以光管外表面为基准）

流体名称	传热系数 /[W/(m² · ℃)]	流体名称	传热系数 /[W/(m² · ℃)]
液 体 冷 却			
油品 20°API		重油 8～14CAPI	
93℃（平均温度）	58～93	150℃（平均温度）	35～58
150℃（平均温度）	75～128	200℃（平均温度）	58～93
200℃（平均温度）	175～232	柴油	260～320
油品 30°API		煤油	320～350
65℃（平均温度）	70～133	重石脑油	350～378
93℃（平均温度）	145～203	轻石脑油	378～407
150℃（平均温度）	260～320	汽油	407～435
200℃（平均温度）	290～350	轻烃类	435～465
油品 4°API		醇及大多数有机溶剂	407～435
65℃（平均温度）	145～203	氨	580～700
93℃（平均温度）	290～350	25%的盐水（水 75%）	523～640
150℃（平均温度）	320～378	水	700～815
200℃（平均温度）	350～407	50%乙烯乙二醇和水	580～700
冷 凝			
蒸汽	815～930	汽油	350～435
含 10%不凝气的蒸汽	580～640	汽油—蒸汽混合物	407～435
含 20%不凝气的蒸汽	550～580	中等组分烃类	260～290
含 40%不凝气的蒸汽	407～435	中等组分烃类水—蒸汽	320～350
纯的轻烃	465～495	纯有机溶剂	435～465
混合的轻烃	378～435	氨	580～640

气 体 冷 却					
流体名称	压力/×10⁵Pa				
	0.7	3.5	7	21	35
	传热系数/[W/(m² · ℃)]				
轻组分烃	87～116	175～205	260～290	387～407	407～435
中等组分烃及有机熔剂	87～116	205～233	260～290	387～407	407～435
轻无机气体	58～87	87～116	175～205	260～290	290～320
空气	46～58	87～116	145～175	233～260	260～290
氨气	58～87	87～116	175～205	260～290	290～320
蒸汽	58～87	87～116	145～175	260～290	320～350
氢 100%	116～175	260～290	387～407	495～522	552～580
75%（体积）	100～163	233～260	350～387	465～495	495～523
50%（体积）	87～145	205～233	320～350	435～465	495～523
25%（体积）	70～135	175～205	260～290	387～407	465～495

续表

流体名称	操作条件或说明，压力/$\times 10^5$Pa	传热系数 /[W/(m²·℃)]
气 体 冷 却		
甲烷、天然气	0～3.5（表压）（压力降0.07）	
	3.5～14（表压）（压力降0.2）	290
	14～100（表压）	
	压力降0.07	350
	压力降0.2	407
	压力降0.34	488
	压力降0.7	535
氢气	17（压力降0.2）	350
乙烯	80～90	407～465
炼厂气	与本表中甲烷相似的操作条件下传热系数的70%，如含氢气量稍多（20%～30%及以上），则传热系数值可酌情提高	
重整反应出口气体		290～350
加氢精制反应出口气体		290～350
合成氨及合成甲醇反应出口气体		465～450
空气、烟道气等	0～2（表压）（压力降0.14）	116
	2～7（表压）（压力降0.35）	175
冷 凝		
原油常压分馏塔顶气体冷凝		350～407
催化裂化分馏塔顶气的冷凝		350～407
轻汽油-水蒸气不凝气的冷凝	含不凝气30%以下	350～407
炼厂富气冷凝	含不凝气50%以上	233～290
轻碳氢化合物的冷凝 C_2，C_3，C_4，C_5，C_6		523～465
粗轻汽油	0.7（表压）	425
	1.4（表压）	483
	4.9（表压）	510
轻汽油		465
煤油		372
芳烃		407～465
加氢过程反应器出口气体	部分冷凝	

流体名称	操作条件或说明，压力/$\times 10^5$Pa	传热系数 /$[W/(m^2 \cdot ℃)]$
冷 凝		
加氢裂解	100～200（表压）	455
催化重整	25～32（表压）	425
加氢精制（汽油）	80（表压）	395
加氢精制（柴油）	65（表压）	337
乙醇胺塔顶冷凝 50～80℃		350
乙醇胺塔顶冷凝 80～110℃		523
水蒸气冷凝		700
氨气		580
C_3，C_4		435～552
芳烃		407～465
汽油		407～435
重整产物		407
煤油		350～407
轻柴油		290～300
重柴油		233～290
燃料油		116
润滑油（高黏度）		58～87
润滑油（低黏度）		116～145
渣油		52
焦油		29～35
工艺过程水		610～727
工业用水（冷却水）	经过净化	580～700
贫碳酸钠（钾）溶液		465
环丁砜溶液	出口黏度约 7×10^3Pa·s	395
乙醇胺溶液 15%～20%		580
乙醇胺溶液 20%～25%		535

附录 B 当 量 直 径 计 算 公 式

附表 B.1

当 量 直 径 计 算 公 式

通道形状	传热计算时	阻力计算时	备 注
套管环隙（内管传热）	$\dfrac{d_2^2 - d_1^2}{d_1}$	$d_2 - d_1$	d_1—内管外径 d_2—外管内径
板式换热器	$2b$	$\dfrac{2Lb}{L+b}$	L—板有效宽度 b—板间距
螺旋板式换热器	$2b$	$\dfrac{2Hb}{H+b}$	H—板有效宽度 b—通道间距
正方形排列管束	$\dfrac{D_s^2}{nd_0} - d_0$ 或 $\dfrac{4s_1 s_2}{\pi d_0} - d_0$	$\dfrac{D_s^2 - nd_0^2}{D_s + nd_0}$	D_s—壳体内径 d_0—管子外径 s_1—纵向管间距 s_2—横向管间距 n—管子总数
等边三角形排列管束 （顺管束轴线方向流动）	$\dfrac{D_s^2 - nd_0^2}{nd_0}$ 或 $\dfrac{1.1 s_1 s_2}{\pi d_0} - d_0$	$\dfrac{D_s^2 - nd_0^2}{D_s + nd_0}$	同上
椭圆管	$\dfrac{ab}{\sqrt{\dfrac{a^2 + b^2}{2}}}$	同左	a—椭圆长轴 b—椭圆短轴
圆管内有纵向肋片	$\dfrac{4\left(\dfrac{\pi}{4}d_1^2 - n\delta L\right)}{\pi d_1 + 2nL}$	同左	n—肋片数 δ—肋片厚 L—肋片高 d_1—管内径
板翅式换热器的通道	$\dfrac{2xy}{x+y}$	同左	x—翅片内距 y—翅片内高

附录 C 水的污垢热阻经验数据

附表 C.1

水的污垢热阻经验数据

单位：$m^2 \cdot ℃/W$

水的种类	加热流体温度＜115℃		加热流体温度116～205℃	
	水温≤52℃		水温≥53℃	
	水速≤1m/s	水速＞1m/s	水速≤1m/s	水速＞1m/s
蒸馏水（凝结水）	0.000086	0.000086	0.00086	0.00086
海水	0.000086	0.000086	0.00017	0.00017
干净的软水	0.00017	0.00017	0.00034	0.00034
自来水	0.00017	0.00017	0.00034	0.00034

续表

水的种类		加热流体温度＜115℃		加热流体温度116～205℃	
		水温≤52℃		水温≥53℃	
		水速≤1m/s	水速＞1m/s	水速≤1m/s	水速＞1m/s
井水		0.00017	0.00017	0.00034	0.00034
干净的湖水		0.00017	0.00017	0.00034	0.00034
锅炉给水（净化后）		0.00017	0.00086	0.00017	0.00017
硬水（＞0.25g/L）		0.00052	0.00052	0.0086	0.0086
凉水塔或清水池	用净化水补充	0.00017	0.00017	0.00034	0.00034
	用未净化水补充	0.00052	0.00052	0.0086	0.00069

附录 D　气体的污垢热阻经验数据

附表 D.1　　　　　　　　气体的污垢热阻经验数据　　　　　　单位：m²·℃/W

类别	污垢热阻	代 表 性 气 体
最干净的	0.000086	干净的空气
		干净的水蒸气
		干净的有机化合物气体
较干净的	0.00017	一般油田气、天然气
		一般炼厂气，如： (1) 常压塔顶及催化裂化分馏塔顶的油气或不凝气。 (2) 重整及加氢反应塔顶气或含氢气体。 (3) 烷基化及叠合装置的油气
不太干净的	0.00034	热加工油气（如热裂化焦化及减黏分馏塔顶油气或不凝气）
		减压塔顶油气
		减压塔顶油气未净化的空气，带油的压缩机出口气体

附录 E　各种油品及溶液的污垢热阻经验数据

附表 E.1　　　　　　各种油品及溶液的污垢热阻经验数据　　　　　单位：m²·℃/W

种　类	污 垢 热 阻	说　明
液化甲烷、乙烷	0.00017	
液化气	0.00017	
天然汽油	0.00017	

续表

种　　类	污 垢 热 阻	说　　明
汽油		
轻汽油	0.00017	
粗汽油（二次加工原料）	0.00034	
成品汽油	0.00017	
烷基化油（含微量酸）	0.00034	
重整进料	0.00034	有惰性气体保护
	0.0006	无惰性气体保护
加氢精制进料与出料	0.00034	
溶剂油	0.00017	
煤油		
粗煤油（二次加工原料）	0.00043	
成品	0.00017～0.00026	
吸收油		
贫油	0.00043	
富油	0.00017	
柴油		
直馏及催化裂化（轻）	0.00034	
直馏及催化裂化（重）	0.00052	
热裂化、焦化（轻）	0.00052	指粗柴油，若经
热裂化、焦化（重）	0.00069	再一次加工，可酌减
汽油再蒸馏塔底油		
较轻	0.00034	
较重	0.00043	
易叠合的油品		
轻汽油	0.00034	
重汽油	0.00052	
更重的	0.00069	
催化裂化原料油	0.00034	<120℃
	0.00069	>120℃
循环油		
较轻	0.00052	
较重	0.00069	
催化裂化油浆	0.0017	流速至少为1.4m/s
重油燃料油	0.0008	

种 类	污 垢 热 阻	说 明
残油、渣油		
常压塔底	0.00069	
减压塔底	0.0008～0.0017	
焦化塔底	0.0008	
催化塔底	0.0017	
冷载体、热载体		
冷冻剂（氨丙烯、氟利昂）	0.00017	
有机热载体	0.00017	
溶盐	0.000086	

附录 F 流体流速的选择

附表 F.1　　　　　　　　　换热器内常用流速范围　　　　　　　单位：m/s

流 体	流 速	
	管程	壳程
循环水	1.0～2.0	0.5～1.5
新鲜水	0.8～1.5	0.5～1.5
低黏度油	0.8～1.8	0.4～1.0
高黏度油	0.5～1.5	0.3～0.8
气体	5～30	2～15

注　对于异型光滑管，可参照管程流速，有突起或流道截面及流向有显著变化时，可参照壳程流速。

附表 F.2　　　易结垢液体或具有悬浮物质的冷却水（如河水、海水）的流速

要求速度	≥1.5～2m/s
壳程流速	>0.5m/s

由于为达到湍流所需流速过大，有时就不得不在层流或微弱的湍流情况下工作，以钢壁为例，其常用流速见附表 F.3。

附表 F.3　　　　　　黏性液体（以钢壁为例）的流速

流体黏度/(Pa·s)	最大流速/(m/s)	流体黏度/(Pa·s)	最大流速/(m/s)
≥1.5	0.6	0.035～0.1	1.5
0.5～1.5	0.75	0.001～0.035	1.8
0.1～0.5	1.1	<0.001	2.4

附表 F.4　　　　　　　　　　　易燃、易爆液体的流速

乙醚、CS₂、苯	<1m/s
甲醇、乙醇、汽油	<2~3m/s
丙酮	<10m/s

安全流速还与管径有关，以煤油为例，其关系见附表 F.5。

附表 F.5　　　　　　　安全流速与管径的关系（以煤油为例）

管径/mm	10	25	50	100	200	400	600
安全流速/(m/s)	8.0	4.9	3.5	2.5	1.8	1.3	1.0

以水为例，不同壁面材料所容许的流速见附表 F.6。

附表 F.6　　　　　　不同壁面材料所容许的流速（以水为例）

壁面材料	紫铜	海军铜 (71Cu28Zn1Sn)	碳钢	铝铜 (76Cu22Zn2Al)	铜镍合金 (70Cu30Ni 或 90Cu10Ni)	蒙乃尔合金 (67Ni30Cu1.4Fe)	不锈钢
流速/(m/s)	1.2	1.5	1.8	2.5	3~3.5	3~3.5	4.5

附录 G　湿空气的密度、水蒸气压力含湿量和焓

附表 G.1　　　　湿空气的密度、水蒸气压力含湿量和焓　　　　（大气压 $B=101.3kPa$）

空气湿度 /℃	干空气密度 /(kg/m³)	饱和空气密度 /(kg/m³)	饱和空气的 水蒸气分压力 /×10²Pa	饱和空气含湿量 （干空气） /(g/kg)	饱和空气焓 （干空气） /(kJ/kg)
−20	1.396	1.395	1.02	0.63	−18.55
−19	1.394	1.393	1.13	0.70	−17.39
−18	1.385	1.384	1.25	0.77	−16.20
−17	1.379	1.378	1.37	0.85	−14.99
−16	1.374	1.373	1.50	0.93	−13.77
−15	1.368	1.367	1.65	1.01	−12.60
−14	1.363	1.362	1.81	1.11	−11.35
−13	1.358	1.357	1.98	1.22	−10.15
−12	1.353	1.352	2.17	1.34	−8.75
−11	1.348	1.347	2.37	1.46	−7.45
−10	1.342	1.341	2.59	1.60	−6.07
−9	1.337	1.336	2.83	1.75	−4.73
−8	1.332	1.331	3.09	1.91	−3.31

空气湿度/℃	干空气密度/(kg/m³)	饱和空气密度/(kg/m³)	饱和空气的水蒸气分压力/×10²Pa	饱和空气含湿量（干空气）/(g/kg)	饱和空气熔（干空气）/(kJ/kg)
−7	1.327	1.325	3.36	2.08	−1.88
−6	1.322	1.320	3.67	2.27	−0.42
−5	1.317	1.315	4.00	2.47	1.00
−4	1.312	1.310	4.36	2.69	2.68
−3	1.308	1.306	4.75	2.94	4.31
−2	1.303	1.301	5.16	3.19	5.90
−1	1.298	1.295	5.61	3.47	7.62
0	1.293	1.290	6.09	3.78	9.42
1	1.288	1.285	6.56	4.07	11.14
2	1.284	1.281	7.04	4.37	12.89
3	1.279	1.275	7.57	4.70	14.74
4	1.275	1.271	8.11	5.03	16.58
5	1.270	1.266	8.70	5.40	18.51
6	1.265	1.261	9.32	5.79	20.51
7	1.261	1.256	9.99	6.21	22.61
8	1.256	1.251	10.70	6.65	24.70
9	1.252	1.247	11.46	7.13	26.92
10	1.248	1.242	12.25	7.63	29.18
11	1.243	1.237	13.09	8.15	31.52
12	1.239	1.232	13.99	8.75	34.08
13	1.235	1.228	14.94	9.35	36.59
14	1.230	1.223	15.95	9.97	39.19
15	1.226	1.218	17.01	10.60	41.78
16	1.222	1.214	18.13	11.40	44.80
17	1.217	1.208	19.32	12.10	47.73
18	1.213	1.204	20.59	12.90	50.56
19	1.200	1.200	21.92	13.80	54.01
20	1.205	1.195	23.31	14.70	57.78
21	1.201	1.190	24.80	15.60	61.13
22	1.197	1.185	26.37	16.60	64.06
23	1.193	1.181	28.02	17.70	67.83
24	1.189	1.176	29.77	185.80	72.01
25	1.185	1.171	31.60	20.00	75.78
26	1.181	1.166	33.53	21.40	80.39
27	1.177	1.161	35.56	22.60	84.57

续表

空气湿度 /℃	干空气密度 /(kg/m³)	饱和空气密度 /(kg/m³)	饱和空气的水蒸气分压力 /×10²Pa	饱和空气含湿量（干空气）/(g/kg)	饱和空气焓（干空气）/(kJ/kg)
28	1.173	1.156	37.71	24.00	89.18
29	1.169	1.151	39.95	25.60	94.20
30	1.165	1.146	42.32	27.20	99.65
31	1.161	1.141	44.82	28.80	104.67
32	1.157	1.136	47.43	30.60	110.11
33	1.154	1.131	50.18	32.50	115.97
34	1.150	1.126	53.07	34.40	122.25
35	1.146	1.121	56.10	36.60	128.95
36	1.142	1.116	59.26	38.80	135.65
37	1.139	1.111	62.60	41.10	142.35
38	1.135	1.107	66.09	43.50	149.47
39	1.132	1.102	69.75	46.00	157.42
40	1.128	1.097	73.58	48.80	165.80
41	1.124	1.091	77.59	51.70	174.17
42	1.121	1.086	81.08	54.80	182.96
43	1.117	1.081	86.18	58.00	192.17
44	1.114	1.076	90.79	61.30	202.22
45	1.110	1.070	95.60	65.00	212.69
46	1.107	1.065	100.61	68.90	223.57
47	1.103	1.059	105.87	72.80	235.30
48	1.100	1.054	111.33	77.00	247.02
49	1.096	1.048	117.07	81.50	260.00
50	1.093	1.043	123.04	86.20	273.40
55	1.076	1.013	156.94	114.00	352.11
60	1.060	0.981	198.70	152.00	456.36
65	1.044	0.946	249.38	204.00	598.71
70	1.029	0.909	310.82	276.00	795.50
75	1.014	0.868	384.50	382.00	1080.19
80	1.000	0.823	472.28	545.00	1519.81
85	0.986	0.773	576.69	828.00	2281.81
90	0.973	0.718	699.31	1400.00	3818.36
95	0.959	0.656	843.09	3120.00	8436.40
100	0.947	0.589	1013.00	—	—

注 本表引自《空气调节》，2 版，北京：中国建筑工业出版社，1986。

附录 H 湿空气的焓湿图

1kcal/kg干空气＝4.1868J/kg干空气
1mmHg＝133.32Pa

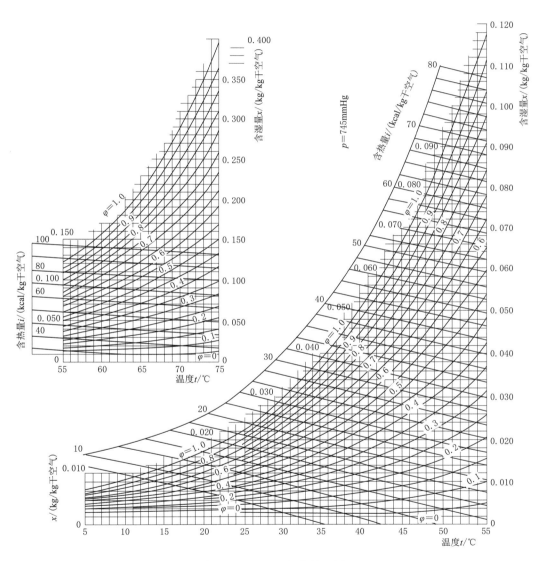

附图 H.1 湿空气的焓湿图

附录 I　高翅片管空冷器（间壁式换热器）的
$\psi = f(P，R)$ 曲线

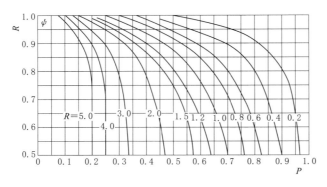

附图 I.1　并列错流（二管程）

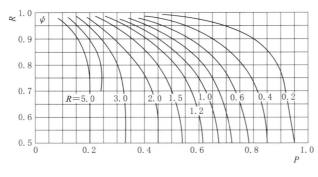

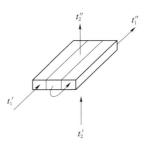

附图 I.2　并列错流（三管程）

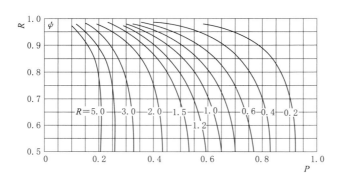

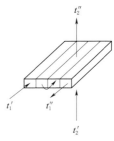

附图 I.3　并列错流（大于三管程）

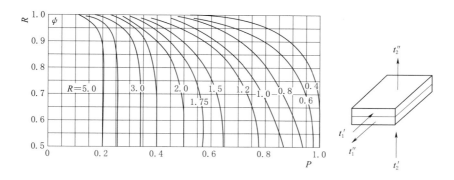

附图 I.4　逆向错流（二管程）

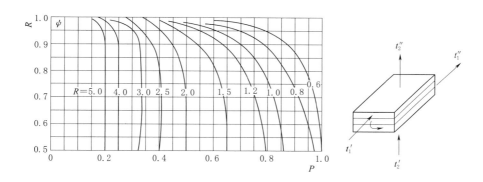

附图 I.5　逆向错流（三管程）

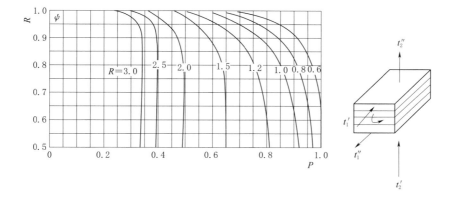

附图 I.6　逆向错流（四管程）

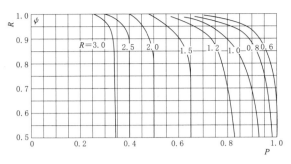
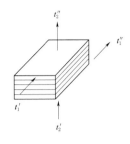

附图 I.7　逆向错流（五管程）

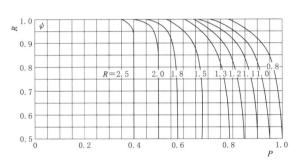
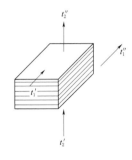

附图 I.8　逆向错流（七管程）

附录 J　环形翅片效率图

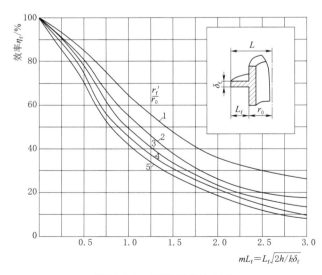

附图 J.1　环形翅片效率图

1～5—不同 r_f'/r_0 值所对应的效率曲线；r_f'—翅片半径；r_0—换热管半径；L_f—翅片高度；δ_f—翅片厚度；
h—翅片外对流换热系数；k—翅片材料的导热系数

参 考 文 献

［1］ 余德渊. 换热器技术发展综述 ［J］. 化工炼油机械，1984，13 (1)：1-8.

［2］ 史美中，王中铮. 热交换器原理与设计 ［M］. 6 版. 南京：东南大学出版社，2018.

［3］ 涂颉，章熙民，李汉炎，等. 热工实验基础 ［M］. 北京：高等教育出版社，1986.

［4］ 蔡祖恢. 关于紧凑式换热面放热性能测定方法的讨论 ［J］. 上海机械学院学报，1980 (1)：95-131.

［5］ 毛希澜. 换热器设计 ［M］. 上海：上海科学技术出版社，1988.

［6］ 杨世铭. 传热学 ［M］. 北京：人民教育出版社，1980.

［7］ 卓宁，孙家庆. 工程对流换热 ［M］. 北京：机械工业出版社，1982.

［8］ 《化学工程手册》编辑委员会. 化学工程手册 ［M］. 北京：化学工业出版社，1989.

［9］ 尾花英朗. 换热器设计手册（上册）［M］. 徐忠权，译. 北京：石油工业出版社，1981.

［10］ 尾花英朗. 换热器设计手册（下册）［M］. 徐忠权，译. 北京：石油工业出版社，1982.

［11］ KAYS W M，LONDON A L. Compact heat exchangers ［M］. 2nd ed. New York：MacGraw-Hill Book Company，1964.

［12］ 弗兰克 P 英克鲁佩勒，大卫 P 德维特. 传热的基本原理 ［M］. 葛新石，等，译. 合肥：安徽教育出版社，1985.

［13］ 施林德尔 E U. 换热器设计手册（第一卷）换热器原理 ［M］. 马庆芳，马重芳，译. 北京：机械工业出版社，1987.

［14］ 中华人民共和国国家质量监督检验检疫总局，中国国家标准化管理委员会. 热交换器：GB/T 151—2014 ［S］. 北京：中国标准出版社，2015.

［15］ 《化工设备机械基础》编写组. 化工设备机械基础（第三册）化学设备机械设计 ［M］. 北京：石油化学工业出版社，1978.

［16］ 艾夫根 N H，施林德尔 E U. 换热器设计与理论源典 ［M］. 马庆芳，等，译. 北京：机械工业出版社，1983.

［17］ 钱滨江，任贻文，常家芳，等. 简明传热手册 ［M］. 北京：高等教育出版社，1983.

［18］ 罗森诺 W M，等. 传热学应用手册（上册）［M］. 谢力，译. 北京：科学出版社，1992.

姓名：＿＿＿＿＿＿　学号：＿＿＿＿＿＿　班级：＿＿＿＿＿＿

实验/实训总结

姓名：＿＿＿＿＿＿　学号：＿＿＿＿＿＿　班级：＿＿＿＿＿＿

实验/实训总结

姓名：＿＿＿＿＿＿＿ 学号：＿＿＿＿＿＿＿ 班级：＿＿＿＿＿＿＿

实验/实训总结

姓名：＿＿＿＿＿＿ 学号：＿＿＿＿＿＿ 班级：＿＿＿＿＿＿

实验/实训总结

姓名：＿＿＿＿＿＿ 学号：＿＿＿＿＿＿ 班级：＿＿＿＿＿＿

实验/实训总结